아이와 현명하게 싸우는 법

한 마디만 더 ╱ 한 마디만 덜

〈일러두기〉

1. 원래 저작의 각주는 전부 미주로 처리했습니다.
2. 본문 속 사례나 시대적 환경, 정책 등에 대한 이야기는 전부 우리나라
   실정에 맞게 편집되었고, 사례 속 등장 인물들의 이름은 가독성을 위해
   한글 이름으로 수정하였습니다.

아이와 현명하게 싸우는 법

한 마디만 더 ╱ 한 마디만 덜

리타 슈타이닝거 지음 | 김현희 옮김

별거 다 해 봤지만 소용없었던 부모들에게 권합니다

요즘 부모는 참으로 똑똑하다. 다양한 자녀교육법을 책과 TV, 이제는 유튜브로도 끊임없이 배운다. 그러나 육아와 훈육의 현실은 늘 참담하다. 이상적인 대화법은 알지만 너무 변수가 많은 실전 대화들과 매번 미친 듯이 싸워 대며 말을 들어먹지 않는 아이들. 날마다 무너지는 가족 규칙과 학교 가기 싫다고 떼쓸 때마다 혼내고 빌기를 반복하는 등 돌아서면 어이없던 숱한 육아 경험담. 10살도 안된 아들의 우울한 표정, 스마트폰 때문에 미쳐 버리겠다 싶던 폭풍 같은 다툼의 순간들까지!

아이들을 위해 전문 서적을 뒤져 보고 이 상황 한번 고쳐 보겠다고 유튜브를 뚫어져라 보았던 부모들이라면 다 공감할 실패 경험담들이다. 전문가의 이야기를 들을 때는 '맞다!' 하지만 돌아서면 우리 집은 딴 나라 이야기가 되고 도무지 적용이 되지를 않으니, 늘 우리 집은 이론과 조언이 빗나간 집이었다. 그런 부모들에게 감히 말한다.

"이겁니다!"

장담하건대, 이만한 부모지침서는 없다. 일상에서 일어나는 일들을 어려운 이론 설명 하나 없이 이렇게 짜릿하고 간명하게 풀어낼 수 있다니! 자식을 위한 노력 끝에 스스로 바보 같다 느낀 적 있는 부모, 육아와 훈육 끝에 무한 무력감에 빠져 본 적이 있는 부모라면 눈이 번쩍 뜨이고 숨이 쉬어질 책이다. 우리나라에서는 『미움 받을 용기』로 잘 알려진 알프레드 아들러Alfred Adler와 『눈물 없는 교육』으로 전 세계 부모교육이론의 아버지가 된 루돌프 드라이커스Rudolf Dreikurs의 정수를 가장 소화하기 좋게 우려낸 작품이라 할 만하다. 저자 리타 슈타이닝거가 자신의 선생님인 이 두 사람의 이론을 충실히 먹고 마신 후, 그 치유와 회복의 젖을 내어 독자에게 먹이고 있다.

게다가 기막히게 한국형 스타일로 재구성하다니! 지혜롭고 영리한 이 책은 부모 교육 현장에서 자주 언급되는 '자연적 귀결–논리적 귀결' 등 듣기만 해도 어려워 보이는 이론들을 부드럽게 녹인

후 이를 가장 한국적인 스타일로 다듬었다. 특히 내가 좋았던 부분은 1부에 등장하는 가족 내 규칙을 세우고 가족회의를 하는 과정이었는데 쉽고 현실적으로 알려 주니 기막히게 좋았다. 2부 '일상생활 속 갈등을 해결하는 방법'은 하나도 빠짐없이 전부 다 만족스러웠다.

더욱이 아이를 독립적이고 민주적인 인간으로 키우도록 부모의 사회적 시야까지 확대해 주는 가이드북의 역할도 한다. 아이는 언제까지나 내 품의 한 어린아이로만 남을 것이 아니라, 사회의 일원으로 성숙해져야 한다. 그 아이의 민주적 시민의식까지 키워 주는 긴 안목의 솔루션들은 눈앞의 문제 해결뿐 아니라 먼 훗날 성장과 성숙, 독립으로 이어지길 바라는 부모들의 장기적 목표까지 완벽하게 닿아 있다. 내 아이가 사회의 일원으로 독립적이고 자발적인 인간으로 성장하기를 바라는 분이라면 『한 마디만 더, 한 마디만 덜』을 통해 그 바람이 이뤄지는 기쁨을 맛보게 될 것이다.

자녀교육 책을 사러 왔다면 반드시 서서 몇 페이지를 넘겨 가며 읽어 보길 바란다. 눈으로 글자가 빨려들어 오고, 사례들마다 나의 이야기가 된다. 서서 읽을 뿐인데 가상현실마냥 활자가 나를 위한 해법이 되는 희한한 경험도 하게 된다. 마치 회복을 주제로 하는 드라마 시리즈의 대본을 완전히 외운 듯, 읽어 가면서 새로

이 시작하고 변화를 시도할 용기가 생기고 머릿속에 내 아이와 부모 모두가 편안해지는 상상이 줄기차게 이어진다. 읽어 갈수록 참으로 신기하다.

부모교육 현장에서 숱하게 많은 책들을 읽고 추천하고, 독서보고서나 부모교육을 위한 토론 커리큘럼에 사용해 보았지만, 거듭 강조하건대 이만한 지침서는 없었다. 대화의 방법을 가장 일상적인 예들을 통해 들려주는데 읽는 동안 장면이 그대로 상상되니 저절로 역할극을 하는 듯하고, 눈으로 읽다가 이내 저절로 소리를 내어 읽게 되는 야릇한 경험도 하게 된다.

지금껏 부모들을 위한 여러 지침서들이 내 아이 성장에 빛이 들게 하는 창문의 역할이었다면, 이 책『한 마디만 더, 한 마디만 덜』은 빛이 색을 입고 작품으로 나타나 탄성을 터트리게 하는 스테인드글라스 같다. 오늘 내 아이와 아름다운 삶을 만끽하고자 하는 부모들에게 성장을 넘어 경이로운 시야를 열어 주는 이 책을 기꺼이 추천한다.

한국노인상담센터 센터장, 숭실사이버대학교 기독교상담복지학과 학과장 이호선

차례

─────── Part 2 ───────

일상생활 속 갈등을 해결하는 방법

초등학교에 입학하면서 시작되는
아이와의 전쟁

"요즘 아이들은 폭군이다. 부모에게 대들고 음식을 흘리고, 선생님을 화나게 한다." 이른바 '요즘 애들'에 대한 이러한 비판은 최근에 새로 등장한 말이 아닙니다. 이 이야기의 기원은 놀랍게도 고대 그리스의 위대한 철학자 소크라테스Sokrates로까지 거슬러 올라가요. 어른과 아이의 갈등은 이렇게 아주 오래전부터 시대를 거쳐 지속되었다는 뜻입니다. 학교와 가정에서 갈등이 생기는 것은 막을 수 없습니다. 하지만 갈등이 생겼을 때, 현명하게 대처하고 해결하는 방법은 분명 존재합니다.

세대를 초월하는 싸움의 원인

집에서 생기는 싸움의 형태는 대체로 아이의 발달 단계에 따라 다양해집니다. 다시 말해 아이의 연령과 발달 단계마다 특유의 갈등 주제가 있어요. 만 7세 이상인 취학 연령기 아이들의 갈등 원인은 3세~5세 사이에 나타나는 유아 사춘기 시절과 눈에 띄게 달라집니다. 방 정리와 양치질부터 컴퓨터나 스마트폰 이용시간, 비속어 사용 또는 형제간 다툼까지! X세대든 밀레니얼세대든, 나이를 초월해 모두가 경험해 봤을 법한 아주 오래된 문제들이 보통 이 시기에 나타나죠.

게다가 아이가 학교를 다니기 시작하면 점점 새로운 주제들이 추가됩니다. 이를테면 방과 후 수업이나 학원, 숙제하기, 반려동물 돌보기 그리고 점점 커지는 아이의 물건 욕심이 대표적이에요. 더 나아가 사춘기 때 보이는 일반적인 갈등 양상은 ─ 요즘 사춘기는 좀 더 빨리 와요 ─ 격렬한 감정 폭발, 요동치는 기분 변화, 부모에 대한 반항과 자아 정체성 찾기 등 더욱더 심화됩니다.

격려와 존중: 교육의 두 버팀목

한 자녀교육법이 압도적인 인기를 끌었다고 해도 교육법이란 시간에 따라 조금씩 변합니다. 과거엔 적절하다 여겨졌던 권위주의적 교육법도 1960년대부터 탈권위주의적인 '방임 교육'으로 트렌드가 바뀌었습니다. 즉, 아이의 행동에 금지나 제한을 두지 않고 전부 허용하는 거였죠. 하지만 이 방임 교육도 마치 유행이 옮겨 가듯 더 이상 회자되지 않고 있습니다. 또한 아동 권리에 대한 논의가 활발해지면서 체벌은 물론이고 처벌 자체를 자제해야 한다는 목소리가 커지자, 독일에서는 지난 2000년 11월 이후부터 어떠한 이유에서든 아이에 대한 신체적 처벌을 금지하는 법이 시행되었습니다.

실제로 어떻게 아이를 혼내지 않고 기를 수 있는지 구체적인 교육법이 등장하기도 했어요. 이 교육법은 개인심리학의 창시자 알프레드 아들러Alfred Adler와 그의 제자, 심리학자이자 교육학자 그리고 정신과 전문의인 루돌프 드라이커스Rudolf Dreikurs의 학설에서 시작되었습니다. 그런데 이 방법 역시 전혀 새로운 것은 아니에요.

이 교육법의 주요 개념 중 하나는 '격려와 존중'입니다. 루돌프 드라이커스는 아이들은 비판이나 질책보다 자신감을 키우고 방향을 이끌어 주는 따뜻한 말 한마디에 더 큰 영향을 받는다고 말합니다. 그리고 무엇보다 부모 스스로가 아이를 대하는 자신의 행동과 태도를 점검해야 한다고 주장해요. 한번 생각해 보세요.

"나는 아이를 존중했을까?"
"아이의 욕구를 고려했나?"

부모는 아이를 제대로 마주보며 아이의 능력을 키워 주고, 동시에 아이의 인격을 인정해야 합니다. 아이에게 무리한 요구를 해서도 안 되지만 아이의 능력에 비해 너무 터무니없이 낮은 요구를 하는 것도 아이의 성장을 방해해요. 아이를 너무 치켜세우거나 낮추는 것도 결국 부모가 아이를 존중하지 않았다는 뜻입니다.

아울러 아이와 함께 정해진 규칙을 부모도 준수해야 하고, 자신의 욕심을 한 번 더 생각하며 스스로를 존중할 줄 알아야 해요.

이런 아들러–드라이커스 교육법은 수십 년이 넘게 여러 기관에서 활용되었고, 그동안 세계적으로 저명한 심리학자와 교육학자들이 이 교육법을 채택하고 계속해서 발전시키면서 새로운 것들을 추가하고 보완했습니다. 이 교육법을 통해 개발된 프로그램들의 핵심은 '아이를 어떻게 해야 하는가'가 아닌 '부모는 어떻게 해야 하는가'로, 미국에서 개발된 'STEP Systematic Training for Effective Parenting'[1]과 네덜란드의 '숀아커 콘셉트 Schoenaker Konzept'[2]가 대표적입니다. 이 책 또한 아이와 부모의 관계를 연구한 많은 분들과 그 자료들에 도움을 받았습니다.

*　*　*

『한 마디만 더, 한 마디만 덜』은 부모들이 아이를 심하게 야단치거나 처벌하지 않고도, 일상에서 생기는 갈등을 해결할 수 있는 공정하고 애정 어린 방법을 제시하고, 나아가 쉽게 적용할 수 있는 높은 수준의 저명한 교육법들을 담았습니다.

1부에서는 잘 싸우기 위한 토대를 소개해요. 특히 가정에서는 주로 어떤 의사소통 방법을 사용해야 하는지, 아이에게 규칙이나 원칙을 지키게 하려면 어떻게 해야 하고, 아이에게 하지 말아야 할 것을 분명하게 전달하고 싶을 때 어떻게 말해야 하며 형제간 싸움이 벌어지면 어떻게 조정할지 등에 대해서 다루었습니다.

2부에서는 부모와 아이의 일상적인 갈등들이 등장합니다. 갈등에 관한 예시들을 제시하면서 해결 방법들을 함께 소개했어요. 먼저 언급해야 할 것은 여기서 소개하는 해결 방법이 가장 이상적인 방법은 아니라는 점입니다. 왜냐하면 이 책에서 소개하는 부모들의 경험에서 알 수 있듯, 목표를 달성할 수 있는 길은 매우 다양하기 때문이에요. 또한 각 장마다 독자들의 이해를 돕기 위해 다양한 전문가의 조언을 첨부했습니다. 이외에도 부모와 아이의 갈등을 논리적으로 해결할 수 있는 다른 가능성도 제시합니다.

아이를 격려하고 존중하는 교육을 토대로 갈등을 해결하고자 이 책을 선택한 모든 부모들에게 성공과 기쁨이 있기를, 그리고 모든 가족들의 풍요로운 일상을 기원합니다.

리타 슈타이닝거 Rita Steininger

Part 1

싸우기 전에 먼저 생각해야 하는 것들

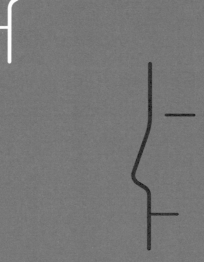

1

지금까지 했던 대화는
어땠나요?

대화는 좋은 관계를 맺기 위한 중요한 열쇠입니다. 특히 가족 관계에서 대화는 그 자체로 갈등의 원인이 될 수 있기 때문에 평소 가정에서 사용하는 부모의 대화 방식을 자세히 점검해 봐야 해요.

나는 아이가 알아듣기 쉬운 정확한 표현을 쓰나?
나는 아이가 하는 말을 귀담아듣나?
나는 아이를 존중하며 공정히 대하고 있을까?

특히 세 번째 요소는 대화에서 매우 결정적인 역할을 합니다. 평온한 분위기에서 우리는 대체로 공정하고 차분하게 아이를 대하게 돼요. 그러나 자제심과 평정심을 잃는 순간, 자기도 모르게 감정적으로 아이를 대하고 마음에도 없는 말로 상처를 주기 쉽습니다.

이 장에서는 일상에서 아이와의 관계 개선에 도움이 될 대화 규칙을 몇 가지 소개합니다. 스스로 아이와 대화할 때 자주 범하는 실수들을 인지하고 바로잡으세요! 이 장에서 소개하는 규칙만 따라도 충분히 서로에게 상처 주지 않는 대화를 이끌 수 있어요.

'너', '사람들', '우리' 그리고 '나'

"넌 대체 왜 이러니? 진짜 말이 안 나온다."

"너도 좀 노력해야지!"

아마도 많은 사람들이 어렸을 때 수없이 들었던 말일 거예요. 아이를 바르게 가르치려고 꾸짖고 야단칠 때 흔히 쓰던 표현이었는데, 물론 그 의도 자체는 문제될 것이 없어요.

하지만 스트레스가 가득한 분위기에서 이러한 '너-전달법You-Message'은 자칫하면 상황을 더 악화시킬 수 있기 때문에 아이의 훈육에서는 매우 조심스럽게 사용해야 합니다.

'너'로 시작되는 말들에는 가시가 있다

다음과 같은 상황을 상상해 보세요. 한 아이의 아빠가 퇴근해서 집으로 돌아오는 길이었습니다. 집 근처 골목으로 막 들어가려던 찰나, 놀이터의 후미진 덤불 쪽에서 웬 속삭이는 소리가 들려옵니다.

"무슨 일이지?" 궁금해서 들여다보니 8살짜리 장난꾸러기 아들이 친구들과 함께 종이와 나뭇가지를 쌓아 놓고 불을 피우기 3초 전! 깜짝 놀란 아빠가 곧바로 아이들을 제지해 다행히 큰불은 막을 수 있었어요. 안도의 한숨을 내쉰 아빠가 소리쳤습니다.

"미쳤어! 생각이 있는 거야, 없는 거야? 너, 따라 와. 이거 그냥 안 넘어가!"

부모로서 놀란 마음은 충분히 이해하지만, 사실 이런 반응은 이 상황에 전혀 도움이 되지 않습니다. 다시 말해, 이 아빠는 아들을 정신 차리게 만들지 못할 것이라는 거죠. 화난 말투 때문만은 아닙니다. 부모가 아이를 꾸짖을 때 사용하는 문장이 모두 너-전달법으로 표현되었기 때문이에요.

위의 예시처럼 너-전달법은 상대방을 무시하고 위협하는 내용이 담기기 때문에 스트레스 상황에서 사용하면 오히려 부정적인 결과를 낳아요. 문장 속에 '너는 항상 혼날 짓을 하잖아'와 같은 비난이 들어 있으면 아이는 거부감과 분노 그리고 두려움을 느낄 뿐 부모가 바라는 깨달음이나 협조는 전혀 기대할 수 없게 됩니다.

반면에 '나-전달법I-Message'을 사용하면 문장이 180도 달라집니다. 문장의 화자가 부모가 된다면 아이의 감정을 해치지 않으면서 이 문제 상황에서 부모가 느낀 감정을 정확하게 표현할 수 있어요. 아들이 다칠 뻔한 상황에 깜짝 놀란 아빠의 말을 나-전달법과 너-전달법으로 표현해 보면 아래와 같아요. 두 표현의 차이를 한번 확인해 볼까요?

"다칠 뻔했잖아! '너' 이게 무슨 짓이야?"
"다칠 뻔했잖아! '나(아빠)' 너무 놀랐잖아."

'다른 사람들' – 표현 뒤에 숨은 부모

어렸을 때 우리는 다음과 같은 말도 자주 들어 봤을 거예요.

"'다른 사람들'은 그런 짓 안 해!"

"그렇게 하면 '다른 사람들'이 뭐라고 생각하겠어?"

그런데 여기서 '다른 사람들'은 누구를 말하는 것일까요? 물론 초등학교에 입학할 즈음의 아이라면 어렵지 않게 이것이 비유라는 걸 대부분 알아채요. '사람들'이라는 표현은 일종의 숨바꼭질 표현법으로, 타인을 일반화시켜 자신의 주장에 힘을 싣는 데 종종 사용됩니다. 이를테면 "다른 사람들처럼 나는 이 문제를 이렇게 생각해!"라고 말하면서 제3자를 자신의 편으로 끌어들이는 식입니다. 결국 "다른 사람들은 그런 짓을 안 해!"라는 문장 안에는 '다른 아이들은 모두 알고 지키는 행동 규칙을 너만 위반하고 있다'라는 비난이 숨겨져 있기 때문에, 아이는 부모뿐 아니라 제3의 인물들에게도 소외되고 비난받는다고 생각하게 됩니다. 그래서 아이를 꾸짖을 때 일반화 어법을 사용하면 아이는 부모의 말에 공감하기보다 먼저 거부감을 느껴요. 그러니 이렇게 말하면 어떨까요?

"나는 네가 그러지 않았으면 좋겠어."

"내가 너를 믿고 맡길 수 있으면 좋겠어."

대화에서 화자를 부모로 한정 지으면 아이는 부모가 참을 수 있는 한계가 어디까지인지 알게 되고 그 선을 넘지 않으려 해요.

그러니 '다른 사람들'로 시작하는 문장도 나-전달법으로 바꿔 보면 더 긍정적인 효과를 얻을 수 있습니다. 존재하지 않는 집단의 견해 뒤에 숨을 필요 없이 나-전달법을 사용하면 여러분이 아이에게 원하는 바람이나 견해를 구체적으로 표현하게 돼요.

우리가? 아니면 내가?

'사람들'이라는 표현법과 조금 다르기는 하지만 '우리'라는 단어에도 보이지 않는 내용이 숨어 있을 때가 있습니다.

엄마와 딸이 같이 집을 나서야 하는 정신없는 아침 시간, 엄마가 딸에게 이렇게 말해요. "좀 서둘러. 이러다 너 때문에 우리 다 늦겠어. 빨리 나가야지!"

이런 말을 들은 아이는 어떻게 반응할까요? 엄마 말대로 협조를 하며 서두를까요? 어쩌면 아이는 싸늘하게 이렇게 대답할지도 모릅니다. "안 늦는다고! 엄마나 서둘러. 매번 내 탓이래!"

위 같은 상황에서 '우리'라는 주어는 마치 두 사람의 생각이 하나인 것처럼 믿게 만들어요. 실제로는 그렇지 않을 수 있는데도 말이죠. 반면 엄마가 '우리'를 '나'라는 단어로 바꿀 경우, 아이는 엄마의 생각과 상황에 동조할지 말지를 직접 결정할 수 있습니다.

아이가 자율적인 사람으로 자라기 위해서는 부모의 인정과 양보가 필요해요. '우리'라는 표현을 사용해서 아이를 '우리 집단'으로 가두려 할 것이 아니라, 아이가 스스로 판단하고 결정할 수 있는 여지를 주어야 합니다. 이를 통해 부모는 자신이 아이를 존중하고 소중히 여긴다는 것을 보여 줄 수 있어요.

나를 가치 있게 만드는 것

앞에서 보았듯이 '너', '사람들' 또는 '우리'를 주어로 사용하는 방법보다 나-전달법이 화자의 바람이나 감정, 기분을 더 잘 나타 냅니다. 반면에 너-전달법은 주로 상대방을 공격하는 표현법이에 요. 그러므로 스트레스나 문제가 발생했을 때 나-전달법을 사용 하면 언성을 높이지 않고도 좋은 해결점을 찾을 수 있습니다. 양 쪽 모두에게 언짢은 일이 있어도 부모가 아이를 일방적으로 꾸짖 고 무시하지 않으면 아이는 궁지에 몰리는 기분을 느끼지 않습니 다. 반항할 필요가 없어지니, 자연스럽게 스스로가 저지른 실수를 바로잡으려 한답니다.

"난 네가 나를 이해하고, 존중한다고 믿어." 이와 같이 나-전달 법은 서로 신뢰하는 분위기를 조성할 수 있고, 부모가 아이를 인 정한다는 것을 보여 주는 아주 좋은 방법이 돼요. 또한 칭찬을 할 때도 매우 효과적이에요. "네가 최고야!"라는 표현보다 "난 네가 너무 자랑스러워!"라고 표현하는 편이 아이의 부담감을 줄이고 아 이에 대한 애정과 존중을 더 잘 드러낼 수 있습니다.

나-전달법 연습하기

오랫동안 너-전달법을 사용해 왔다면 단번에 나-전달법으로 바꿔 말하기 어려울 거예요. 그렇지만 정말 아이와의 관계를 부드럽게 풀고 싶다면 나-전달법을 시도해 보세요. 단! 모든 문장을 '너' 대신 '나'로 시작한다고 해서 전부 나-전달법은 아닙니다. 예를 들어 "내 생각에 이건 뻔뻔한 짓이야!"라고 말하는 것은 사실상 "너는 뻔뻔해!"와 같아요. 이처럼 문장이 아무리 '나'로 시작한다 하더라도 그 안에 너-전달법은 숨어 있을 수 있어요. 이런 함정이 있기는 하지만, 그래도 일단 '나'로 문장을 시작한다면 더 쉽게 나-전달법을 사용할 수 있습니다.

- "너는 청소를 전혀 안 하니?"
  ⇒ "엄마/아빠가 청소할 때 좀만 도와줄래?"
- "너, 먹을 때 지금 다 흘리잖아!"
  ⇒ "난 네가 냅킨을 사용해 주면 좋겠어."

아래 나오는 너-전달법 문장들을 나-전달법으로 바꿔 보세요. 이때 '나'로 시작되는 문장에 상대방을 부정적으로 평가하는 것 대신 자신의 바람이나 희망사항을 정확히 표현하는 것이 포인트!

- "너 아직도 이해 못 했어?"

- "너 행동이 그게 뭐니? 얌전히 있어!"

- "너 제발 그만해."

- "(너는) 항상 네 멋대로야"

- "(너는) 왜 이렇게 뻔뻔하니?"

아이의 말을 적극적으로 경청할 것!

오늘날 부모 자식 간의 대화 방식은 예전에 우리가 부모나 조부모 세대에게 배웠던 것과는 전혀 다릅니다. 그런데도 우리는 여전히 아이를 이끌듯이 대화하고, 지식과 경험을 내세워 일방적으로 내려다보는 자세로 아이를 대해요. 그러다 보니 대화는 시작하기도 전에 단절되기 쉽습니다. 이런 방식으로 아이와의 관계가 지속되면 아이는 점차 부모를 '말이 통하는 상대'로 보지 않게 돼요. 그래서 부모는 대화 속에 우리가 아이를 이해하며 존중한다는 신호를 담아야 하는데, 그 신호는 아이의 말을 적극적으로 경청하다 보면 저절로 만들어집니다.

예를 들어, 축구를 하러 나간 8살짜리 아들이 잔뜩 화가 난 얼굴로 집에 돌아왔어요. 그리고는 대뜸 외칩니다. "저 바보 멍청이들이랑 앞으로 축구 안 할 거야!"

이때 많은 부모들이 반사적으로 "친구보고 바보 멍청이라니, 그럼 안 되지"라며 아이의 말투를 지적합니다. 또는 "친구들이랑 싸웠어? 설마 때린 건 아니지?", "네가 먼저 싸움을 시작한 거면 꼭 사과해야 해" 하고 대뜸 걱정부터 내비치기도 해요. 어쩌면 "축구를 안 하겠다고? 2주 후에도 똑같은 소리를 하나 볼까?"라는 말을 덧붙일지도 모르죠. 하지만 아이의 감정과 말을 존중해 주려면 가장 먼저 "무슨 일 있었니?"라고 물어야 합니다.

대화의 본질을 벗어나면

아이가 감정적으로 흥분한 상황에서 부모의 첫 반응이 훈계나 설교라면 아이는 결국 침묵하게 됩니다. "앞으로도 계속 그렇게 굴면 아무도 너랑 안 놀걸?"이라며 겁을 주거나, "다음 주에 분명히 걔네랑 축구하러 갈 거잖아?"라고 빈정거리며 면박 주는 표현들도 아이를 침묵하게 만듭니다. 더욱 비극적인 사실은 대부분 부모들은 자신의 말 때문에 아이가 대화를 포기했다는 사실도 깨닫지 못한다는 거예요.

그런데 즉각 긍정적인 반응을 보이는 것도 항상 정답은 아닙니다. "에이, 금방 화해할 수 있을 거야"라고 아이를 위로하는 말, "화 풀어, 아이스크림 사 줄게"라는 식의 분위기를 전환하려는 긍정적인 말조차 상황에 따라서는 역효과를 낼 수 있습니다. 부모의 의도는 격려하려는 것이겠지만 아이들은 부모가 자신의 상황을 진지하게 받아들이지 않는다고 여길 수도 있기 때문이에요. 상황을 정확하게 알고 대화의 본질을 파악하는 것이 중요합니다.

"괜찮아, 용기를 내서 말해 봐. 내가 들어 줄게!"

화가 나거나 걱정이 생기면 아이는 그 감정을 털어놓고 싶어 합니다. 하지만 동시에 아이들은 그 감정의 동요 자체를 감당하기 바빠서 자신의 감정을 매끄럽게 표현하지 못해요. 그렇기 때문에 부모의 공감능력이 중요해지는 거죠. 하지만 부모가 나서서 아이의 생각을 유추해서 말을 끌어내기보다 스스로 말할 수 있도록 충분한 시간을 주는 것이 좋아요. 아이가 스스로 말을 꺼낼 수 있도록 용기를 주는 표현을 쓰는 것이 포인트예요. 이 단순하지만 짧은 문장 하나로 대화의 문을 열 수 있습니다.

"천천히 말해 봐. 엄마/아빠, 듣고 있어."

이런 상황에서는 몸짓이나 얼굴 표정도 중요합니다. 이를테면 아이의 눈을 바라보면서 말을 해야 합니다. 대화를 할 때 아이와 눈빛을 주고받으며, 집중하는 표정을 짓거나 고개를 끄덕이세요. 이런 몸짓 언어가 우리는 아이의 말을 들을 준비가 되었으며, 진지하게 듣고 있다는 신호가 돼요.

힌트　　　　　　　**대화 상황을 그대로 재현하기**

아이에게 걱정이 생긴 게 분명해요! 여러분이 나름대로 아이와 대화를 시도했지만 아이는 아무 말도 하지 않고 속내를 털어놓지도 않네요. 한 번쯤은 겪어 봤을 이런 상황에서 여러분은 '도대체 왜 나한테는 말을 안 하지? 뭐가 문제였던 거야?' 하고 고민했을 거예요. 그럼 다음과 같이 해 보는 걸 추천합니다.

우선 다른 사람, 예를 들어 아내나 남편에게 자초지종을 설명하고 함께 연극을 하듯 그때 상황을 재현해 보는 거예요. 아이 역할을 배우자가 맡아, 아이가 했던 그대로를 따라하게끔 부탁하세요. '했던 그대로'라는 것은 배우자가 아이의 자세도 똑같이 따라해야 한다는 뜻입니다. 대화를 나눌 때 서 있었다면 서 있어야 하고, 앉아 있었다면 앉아 있어야 합니다. 여러분도 마찬가지로 조금 전 아이에게 했던 말과 자세를 '똑같이' 재현하세요. 그다음 상대방이 어떻게 느꼈는지 피드백을 들어 보는 거죠.

사실 이 실험은 여러분의 말보다도 여러분이 '어디에서' 말을 했는지가 대화에 미치는 영향을 보여 줍니다. 혹시 아이와 정면으로 마주 앉아서 말을 하지 않으셨나요? 또는 서서 아이를 내려다보거나, 아이의 뒤쪽에서 말을 했다거나? 아이의 시야에서 벗어나거나 아예 마주보거나, 서서 말을 거는 것은 감정이 불안정한 아이에게 용기를 주기보다 오히려 위축감을 줘요. 아이 옆에 비스듬히 앉아서 말을 걸어 보세요. 아이의 시야에 살짝 걸린 상태에서 조심스럽게 말을 걸면 아이는 보다 말을 꺼내기 쉬워진답니다.

훌륭한 리액션 장착하기!

자, 드디어 아이가 이야기를 꺼내기 시작한다면 이제부터 여러분은 아이가 하는 말을 듣는 중간 중간 피드백을 해 줘야 합니다. 단순히 아이가 사용한 문장을 그대로 반복하지 말고, 듣고 이해한 내용을 아주 조금이라도 표현을 바꾸며 반응해 주세요. 이때 아이의 지금 감정을 헤아리는 것이 좋아요. 아이가 축구를 하다가 친구들과 싸우게 됐다고 털어놓으면 "친구들이랑 다퉈서 지금 많이 속상하구나"라고 간단하게 말하는 거예요. 굉장히 쉬운 행동이지만 아이의 마음을 충분히 이해하고 공감한다는 것을 알릴 수 있습니다. 아이가 부모가 자신의 감정을 이해한다는 것을 알면 마침내 속에 담아 둔 말, 왜 싸우게 되었는지를 다 털어놓을 용기를 얻습니다.

대화가 저렇게만 흘러가면 더할 나위 없을 테지만 대다수의 부모들은 아이에게 습관처럼 조언을 합니다. 특히 어떤 문제가 생겼을 때, 아이의 말을 듣고 아이가 스스로 해결하게끔 유도하기보다 부모 자신들이 먼저 해결 방법을 제시하는 데 익숙하죠. 그래서 '듣고 반응만 하는 것'을 생각보다 어려워합니다. 하지만 지금까지 해 오던 방식으로만 아이를 대한다면 아이는 커다란 문제 상황에서도 우리에게 소극적인 태도를 보이고 말 거예요. 더군다나 우리가 상황에 개입해서 해결 방안까지 제시한다면 아이가 스스로 해결하며 성장하는 것을 방해하는 셈이니, 여러모로 섣불리 우리의 의견을 말하지 않는 편이 낫습니다.

또한 아이가 말을 할 때 중간에 끼어들어 말꼬리를 잡는 것도 줄여야 해요. 일단 아이가 말을 하도록 그냥 내버려 두세요. 자신의 문장을 온전히 다 말하는 것만으로도 아이는 부모에게 존중받는 기분을 느낍니다. 아이가 하고 싶은 말을 다 한 후에 "나는 네가 이 문제를 스스로 해결할 거라 믿어"라고 말해 주세요. 그 말을 들은 아이는 자신의 문제 해결 능력을 부모가 인정하고 있다는 신호를 받습니다. 실제로 많은 아이들이 부모와 대화를 나누면서 그 속에서 스스로 해결 방법을 찾아요.

힌트　　　　　　　　　**경청하는 자세를 만드는 연습**

교육자이자 분쟁 조정자인 크리스타 D. 쉐퍼Christa D. Schäfer[3]는 다음과 같은 연습을 통해서 적극적으로 듣는 법을 배울 수 있다고 말합니다.

다양한 이미지가 그려진 엽서를 몇 가지 준비해, 탁자 위에 펼치세요. 그리고 함께 연습을 할 파트너에게 가장 맘에 드는 엽서를 하나 선택하게 합니다. 그런 다음 파트너에게 그걸 고른 이유를 묻습니다. 그가 말하고 나면, 여러분도 하나를 골라 그 이유를 말하세요. 그렇게 번갈아 가며 두세 차례 엽서를 골라 대화를 나눠 보세요. 주의할 점! 여러분은 파트너가 말하는 동안 절대로 중간에 끼어들지 않고 파트너의 말을 끝까지 들어야 합니다. 이것이 유일한 규칙이에요.

대화를 끝났다면 파트너에게 여러분의 경청 태도에 대한 피드백을 들어 보세요. 만일 여러분의 태도가 무관심해 보였거나 말하는 데 방해가 되었다고 하면 다른 그림이나 매개체를 두고 연습을 반복합니다. 단순하지만 이 과정은 경청하는 습관을 기르는 데 큰 도움이 돼요.

대화는 어디까지나 말하는 사람의 자유

경청의 목적은 아이를 살살 꼬드겨, 그 속마음까지 캐물어 알아내는 것이 아닙니다. 아이가 무엇을 어디까지, 또 얼마나 털어놓을지는 온전히 아이의 자유예요.

물론 부모가 애를 쓰고 노력해도 아이가 대화를 거부하는 일이 종종 있습니다. 이런 경우 부모는 자기 나름대로 인내를 가지고 시도했던 대화 방식이 잘못되었거나, 우리 아이에겐 통하지 않는다고 여기곤 합니다. 그래서 결국 다시 원래 방식으로 돌아가 버리고, 집요하게 캐물어 끝내 아이를 추궁하고 말아요. 아이가 대화를 거부할 때는 이유가 있습니다. 어쩌면 아이는 감정을 풀고 삭일 수 있는 시간이 필요할지도 몰라요.

부모 역시 자신의 마음을 다스리고 정리할 시간이 필요합니다. 부모라고 해서 아이가 원하면 언제든지 대화를 시작해야 하는 건 아니에요. 만일 대화를 나누기에 시간이나 상황이 적절하지 않다면, 나중으로 미루는 것이 더 좋아요. 이를테면 "지금은 곤란하고, 15분 후면 일이 끝나. 그땐 시간되는데, 우리 그때 얘기할까?"라고 말하면서 말이에요.

대화가 끊기는 장애물을 주의하라!

대화를 잘 나누다가도 종종 이야기가 엉뚱한 방향으로 흘러서 결국 대화가 끊기는 경우도 많아요. 자신은 전혀 의도하지 않았는데 대화 습관이 상대방의 기분을 상하게 하는 경우가 그렇습니다. 그러니 대화를 방해하는 장애물이 무엇이고, 그것이 어디에서 오는지를 알아 놓아야 합니다. 아이와 대화를 할 때 자주 범하는 실수들, 즉 의사소통을 방해하는 요인들을 몇 가지 정리해 봤으니 함께 확인해 볼까요?

반어법을 사용한다

대화를 하다 보면 부모가 말하고자 하는 내용이 아이에게 전혀 다르게 전달될 때가 있습니다. 그 이유는 말의 내용과 말할 때 사용한 비언어적인 요소들, 억양, 얼굴 표정, 몸짓 등이 어울리지 않기 때문이에요.

초등학교 1학년인 아이가 쓰기 숙제를 하느라 낑낑거리며 애쓰고 있는데, 아직 글쓰기가 서툴러 글씨가 삐뚤빼뚤하네요. 여러분은 공책을 들여다보고 과장되게 웃으며 이렇게 말합니다. "우와, 글씨를 아주 잘 쓰네?"

이 말은 분명 반어적 표현이지만, 그 문장 자체는 칭찬입니다. 그래서 아이가 부모의 의중을 알아채지 못했다면 아이는 스스로 '내가 글씨를 잘 썼구나'라고 생각합니다. 그러니 이후에 아이에게 쓰기 연습을 좀 하라고 말하면 아이는 '갑자기 왜? 잘 쓴다며!' 하고 발끈 화를 내게 됩니다. 이처럼 비언어적 신호와 말하는 내용이 서로 어긋나면 오해를 일으키기 쉬워요. 때문에 교육 현장, 특히 저학년을 대상으로 하는 곳에서는 이와 같은 반어법을 가급적 주의해야 합니다.

반면 고학년들은 반어적 표현을 구분하고 알아차려요. 더 나아가 반어법이 하나의 표현일 뿐이라는 것도 압니다. 하지만 동시에 고학년 아이는 자칫 잘못하면 이런 반어법을 자신에 대한 도발로 받아들일 우려가 있습니다.

'너, 그런데, 왜'로 시작하는 첫마디

갈등 상황에서는 최대한 자극적인 단어들을 피하는 것이 좋습니다. 앞서 소개한 너-전달법의 경우 첫마디에 이미 상대를 자극하는 단어가 들어 있습니다. '너'라는 직접적인 표현 자체가 공격적이니까요. 특히 "네가 …… 해야지!"라는 말은 꼭 피하세요. 만일 이런 문장으로 말을 꺼내면 불이 붙은 상황에 기름을 들이붓는 것이나 다름없습니다. 이 말을 들으면 다짜고짜 상대가 자신을 가르치려 든다는 생각이 먼저 들기 때문에 "와… 내가 그걸 몰라서 이래?"라고 반응하게 돼요.

'하지만' 또는 '그런데'라는 단어로 문장을 시작하는 것도 바람직하지 않습니다. 아이는 부모의 언어 습관을 따라 하는 경향이 있기 때문에, 부모의 말에 아이도 반사적으로 "아니, 근데"라고 반응하는 습관이 생길 수 있어요. 부모가 하는 말에 아이가 매번 '그런데'라고 항의하는 게 얼마나 화가 나는지 여러분은 이미 잘 알 거예요. 그러니 꼭 필요한 경우가 아니면 가급적 반박하는 단어로 문장을 시작하지 마세요.

'왜?'라는 단어도 마찬가지예요. "왜?"라는 질문을 받은 아이는 그 물음 속에서 자신의 행동에 대한 비난과 동시에 '엉터리 같은 이유로 그렇게 행동한 거면 혼난다'라는 뜻을 감지합니다. 그래서 아이는 '왜'라는 소리를 들으면 반사적으로 자신의 행동을 정당화시킬 구실을 찾으며 문제 해결에 있어 방어적 태도를 취하게 됩니다.

비난과 일반화

부모와 아이의 의견이 서로 다르면 대화는 서로에 대한 비난으로 발전하기 쉽습니다. '항상', '끊임없이', '계속', '또', '매번', '오직', '절대로'와 같이 상대방을 일반화시키는 단어들이 더해지면서 비난의 수위가 점점 커지죠. 무엇보다 이런 일반화 표현은 어쩌다 한 번 생겼을 언짢은 사건도 상습적인 행위로 확대시킵니다. 일반화 표현으로 순식간에 상습범이 되어 버린 아이는 불쾌함에 부모와의 대화를 차단해 버릴 거예요. 그러니 대화를 나눌 때 부모들은 위와 같은 단어들이 있는 문장 사용에 가급적 주의를 기울여야 합니다. 아래의 말들이 만들어 내는 뉘앙스를 살펴볼까요?

"너는 내가 말하면 '꼭' 한 번에 안 듣더라?"

"너는 왜 '항상' 고집을 부리니?"

"아까부터 '계속' 날 방해하잖아. 그만 해!"

"'또' 그런다, 진짜!"

부족한 말 한 마디

아이의 거슬리는 행동을 보면 우리는 아이의 행동을 바로잡으려 합니다. 그렇게 하는 것이 부모로서 옳은 행동이라고 여길지 몰라요. 그러나 반복된 지적은 아이가 스스로 행동을 바로잡을 수 있는 기회를 놓치게 만들고, 동시에 칭찬받을 기회도 잃게 만들어요. 칭찬 한 마디가 아이를 얼마나 성장하게 하는지 이미 다양한 실험들로 증명되었습니다. 내심 칭찬을 기대하며 노력한 아이가 아무 말도 듣지 못했을 때 느끼는 실망감은 우리 생각보다 매우 크답니다.

이제부터 보는 관점을 바꿔, 아무리 작더라도 좋은 일을 했다면 의도적으로 아이를 칭찬해 보는 건 어떨까요? 이를테면 아이가 아침에 제때 일어나 늦지 않게 등교했을 때, 스스로 숙제를 했을 때, 잠들기 전에 스스로 이를 닦으려고 할 때도 있는 힘껏 '말로' 칭찬을 하는 거예요. 어른의 눈에는 너무 기본적이고 당연한 일로 보일지 모르겠지만 아이 입장에서는 노력해서 규칙을 잘 따른 거랍니다. 자발적으로 이런 행동을 한 아이에게 칭찬 한 마디만 더 해 준다면, 아이는 사소하지만 바른 행동의 가치를 알게 되고, 신나서 더 잘하려고 합니다.

넘치는 말 한 마디

아이의 잘못을 지적하는 것도 필요합니다. 그렇지만 비판의 말은 덜 하는 것이 좋을 때도 있습니다. 누구나 소소하게 변덕을 부리고 작은 실수를 저지르죠. 아이들이라면 그 짓을 하루에도 네댓 번씩 합니다. 그런데 그 실수가 눈에 거슬리지만 용납할 수 있는 정도의 사소한 일이라면, 부모도 별다른 말 없이 눈짓으로만 신호를 보내고 그냥 넘어가야 합니다. 아이가 저지른 아주 작은 실수들을 일일이 말로 지적하고 가르칠수록 아이는 그때마다 스스로 행동하기에 겁을 내며 자신감을 깎아 먹기 때문이에요. 아이를 꾸짖거나 야단칠 때는 '내 말이 전부 옳을지라도 모든 말을 다 하지 말고, 꼭 필요한 말만 하기'라는 원칙을 마음에 새겨 보세요. 넘치는 말 한 마디를 줄일 수 있을 거예요.

훈육하는 장소와 타이밍

아이의 행동을 혼내거나 꾸짖을 때는 반드시 때와 장소를 가려야 합니다. 훈육은 가능한 한 다른 사람이 없는 조용한 공간에서 이루어지는 게 좋습니다. 사람들이 쳐다볼 수 있는 공간에서, 또는 친척들 앞에서 큰소리로 아이를 꾸짖으면 아이는 그 상황을 어떻게 받아들일까요? 다른 사람들 앞에서 창피를 당하고 싶은 사람은 아무도 없습니다. 아이도 마찬가지고요. 사람들의 시선에 당황한 아이는 자신의 행동을 돌아볼 여유도 없이, 우선 부모가 자신을 수치스럽게 만들었다는 사실에 집중합니다. 그럼 그 순간, 아이와 함께 머리를 맞대어 합의점을 찾을 기회는 사라지고 말아요.

물론 그렇다고 해서 아이의 행동을 참고 내버려 두라는 것은 아니에요. 행동을 정정해 주지 않으면 아이는 그것을 '해도 되는 것'으로 기억할 수 있어요. 그러니 이때는 조용히 아이를 저지하고, 다른 공간으로 이끌어 훈육해야 합니다. 그리고 아이를 진정시킨 후 최대한 간결하게 대화하세요.

불쾌한 말꼬리 잡기

여러분 아이가 용돈을 받으며 이런 말을 합니다. "왜 나는 용돈을 이만큼만 줘요? 우리 반 애들은 나보다 훨씬 많이 받아요."

이때 평소에 여러분은 뭐라고 대답하나요? 아마도 '네 나이에 그만한 돈이 왜 필요하니?', '왜 남들이랑 비교하니?' 등 정당하고 그럴듯해 보이지만 대개는 본질에서 벗어난 문장을 머릿속에서 준비할 거예요. 그런데 당신이 변명을 다 늘어놓기도 전에 아이가 한 술 더 떠, 질문을 덧붙입니다.

"애들이 나를 비웃을 텐데, 엄마/아빠는 아무렇지도 않아요?"

무슨 소리! 이 말을 듣는 순간 부모는 '절대 그렇지 않아!' 하고 아이에게 증명하고 싶어질 테고, 이 책을 읽고 있는 몇몇은 어쩌면 용돈을 올려 줄지도 모르겠군요. 물론 아이 입에서 두 번째 문장이 아예 안 나왔더라면 더 좋았겠지만 아이가 이렇게 나올 때는 사실 그대로 내버려 두는 게 좋아요. 아이에게 말꼬리를 잡히지 않고 대화의 방향을 제대로 제어할 수 있다면 대화를 이어가도 좋습니다.

사람들은 질문을 받으면 그것에 대답을 해야 한다고 여기기 때문에, 누군가를 당황하게 만들거나 또는 어떤 특정 반응을 유도하려고 할 때 일부러 말꼬리 잡기를 합니다. 대화의 방향을 미묘하게 비틀어 말문을 막히게 하는 거죠. 이런 말꼬리 잡기는 다양한 일상 속 대화에서 종종 있는 일입니다. 그런데 아이들은 느닷없는 말꼬리 잡기로 부모를 당황스럽게 만드는 데 탁월한 재능을 보이곤 해요.

말꼬리 잡기를 차단하는 연습을 해 보세요. 아이가 던진 질문에 다른 형태의 질문을 답하는 것도 하나의 방법입니다. "이미 이 얘기는 끝나지 않았니? 용돈은 그만큼씩 받기로 약속했잖아?" 또는 "그 문제는 나도 생각을 좀 해 봐야 돼. 저녁에 다시 이야기를 하자"라는 식으로 다음으로 미루는 것도 괜찮은 방법이에요.

2

대화 속 감정의 역할

　갈등이 일어나는 원인 가운데 하나는 보통 분노, 질투, 실망, 창피, 죄책감 같은 부정적인 감정입니다. 감정은 1~2초 만에 불쑥불쑥 변할 수 있어서 생각지도 못한 갈등이 생기기도 해요. 특히 부정적인 감정은 과거에 있었던 기억까지도 쉽게 끄집어내기 때문에 결국 해묵은 감정까지 불러일으키고 맙니다. 그 감정 변화의 폭이 클수록 평정심은 사라지니, 다툼이 생긴 상황에서 처음으로 떠오른 생각을 스스로 통제하지 못하면 상황은 걷잡을 수 없이 흘러가곤 하죠. 갈등의 해결은 상황을 초반에 어떻게 인지했는지로 결정됩니다. 그런데 상황을 받아들일 때 감정과 상황을 분리시키는 것은 제법 어렵습니다.

가정뿐만 아니라 회사나 학교에서도 갈등은 종종 발생합니다. 여러분은 적당히 넘어갈 수 있는 문제라고 생각했는데 어떤 사람은 그것을 큰 문제로 이해할 때가 있지 않았나요? 혹은 반대로 남들은 아무렇지도 않아 하는 것이 여러분에게는 걱정스럽게 느껴졌던 경우는요? 이렇게 반응에 차이가 생기는 이유는 같은 상황을 두고도 사람마다 어느 면을 중점으로 해석하는지가 다르기 때문입니다. 그 말은 곧 상황을 어떻게 해석하느냐에 따라 갈등의 해결책이 달라진다는 뜻입니다. 그러니 갈등을 해결하는 것은 상황을 인지하는 데 큰 영향을 주는 우리의 감정을 얼마나 잘 다스리느냐에 달려 있다고 볼 수 있어요.

집안에서 일어난 갈등에 있어서 부모의 감정 조절은 매우 중요합니다. 여러분이 자신의 감정을 명확히 이해하게 된다면 그것을 다스리고 조절해 평정심을 지킬 수 있을 거예요. 물론 동시에 모두가 만족할 만한 해결책도 빠르게 찾을 수 있습니다.

네 개의 귀로 들어라
- 오해는 이렇게 생긴다

어떤 상황을 마주했을 때 처음 떠오른 생각이 항상 옳지는 않습니다. 그 판단이 애초에 오해일 수 있기 때문이에요. 의사소통 심리학자 프리데만 슐츠 폰 툰Friedemann Schulz von Thun은 '오해'에 대해 흥미로운 말을 했습니다.

"오해와 그로 인한 불만은 '한쪽 말만 듣는 습관'에서 생긴다."

그는 저서 『함께 대화하기 - 중단과 해결』에서 귀를 4개나 가진 사람을 소개합니다. 4개의 귀는 하나의 말을 각각 다르게 듣습니다. '사실의 귀'는 객관적 사실만 듣고, '관계의 귀'는 개인적인 가치를 듣습니다. 스스로 자아를 드러내는 '자아 표출의 귀'는 화자가 처한 상황과 감정을 최우선으로 듣고, 마지막으로 '호소의 귀'는 화자의 희망이나 요구사항을 듣습니다.[4]

여러분 아이가 이렇게 말했다고 예를 들어 볼게요.

"엄마/아빠, 오늘 내 도시락 깜빡했더라."

이 말을 들었을 때 사실의 귀는 '아이가 지금까지 아무것도 먹지 못했다'는 사실을 듣습니다. 그리고 관계의 귀는 아이에게 애정과 보살핌을 제대로 주지 못했다는 자책의 소리를 들어요. 자아 표출의 귀는 아이가 지금 무척이나 배고픈 상황이라는 것에 집중합니다. 호소의 귀는 아이가 실제로 입 밖으로 꺼내지 않은 말, "앞으로는 잊지 말고 챙겨 주세요!" 같은 아이의 희망사항을 당신에게 들려줍니다.

시험대에 오른 관계의 귀

네 개의 정보 가운데 어느 것이 가장 먼저 와 닿는지는 사람마다 다릅니다. 대부분 여성들은 주로 관계의 귀를 가장 중요한 것으로 여기기 때문에, 위 상황 속 '도시락을 까먹었다'는 아이의 말에서 여성들은 아이의 서운함과 비난을 가장 먼저 인지해요. 그래서 이때 반응 양상은 크게 두 가지로, 미안해하거나 자신의 행동을 설명하는 형태로 나뉘죠.

"엄마, 내 노란색 티셔츠 못 찾겠어."

이런 아이의 말에 두 가지로 대답해 볼까요?

"어, 미안. 엄마도 어딨는지 모르겠는데?"

"엄마 오늘 부엌 정리하느라 바빴잖아. 엄마도 모르지."

결과적으로 두 문장 모두 '모른다'라는 대답이지만 대화의 결과는 완전히 달라질 수 있습니다. 우선 미안함을 먼저 표현하는 경우, 불만을 얘기했을 때 엄마가 미안해한다는 것을 아이가 알아차리게 됩니다. 그래서 때론 이 감정을 악용할 수도 있죠. 아이가 스스로 해야 할 일에 대한 책임을 지지 않는 방식으로 말이에요. 반면에 엄마가 합리화하거나 변명을 먼저 하면 아이는 자칫 그것을 무관심으로 받아들일 수 있습니다. 그래서 "엄마는 항상 엄마 일이 우선이야?"라고 반응하는 거죠.

아이가 하는 말을 어느 쪽으로 먼저 받아들이고 어떤 반응을 하느냐에 따라서 대화의 결과는 이토록 다양합니다. 그러니 아이가 불만사항을 말할 때 아이의 말을 다르게 듣는 '네 개의 귀'가 있음을 기억해 보는 건 어떨까요? 우리가 어떤 귀로 듣느냐에 따라 아이의 말을 전혀 다르게 해석할 수 있다는 걸 알면 아이와 대화를 하는 데 많은 도움이 됩니다.

다시 위에서 들었던 예로 돌아가 아이의 말을 다른 귀로 해석해 볼게요. 사실의 귀로 들었다면 "내 티셔츠 어디 있어?"라는 질문이니 "글쎄, 나도 모르겠는데?"라는 대답이면 됩니다. 자아 표출의 귀나, 호소의 귀로 들었다면 부모는 "지금 필요한 거니? 같이 찾아 줄까?"라고 답하게 되겠죠?

호소의 귀는 적당히!

아이를 키우는 부모들이라면 다들 호소의 귀가 두드러지게 발달돼요. 출산 이후 '아이가 운다 → 부모가 원인을 찾아 해결한다 → 아이가 울음을 그친다' 순의 육아에 적응되어 있기 때문입니다. 그래서 아이가 "아, 이 지퍼 진짜 짜증 나. 왜 이렇게 안 올라가?"

라고 말하면 우리는 경험적으로 아이가 도움을 바란다고 여겨, 대부분 "이리 와. 올려 줄게"라고 반응하죠.

아이를 도와주려는 의도는 좋지만 이는 결코 아이에게 좋은 행동이 아닙니다. 아이는 혼자서 어려움으로 인한 짜증을 제어하고 극복하는 법을 배워야 해요. 아이 대신 모든 문제를 해결해 준다면 아이에게서 스스로 문제를 해결하면서 느끼는 자아 성취감을 빼앗는 셈이에요. 이렇듯 과한 배려가 결국 아이를 좌절감으로 이끌기도 합니다. 물론 아이를 도와줘서 문제를 재빨리 해결하고 갈등을 피하는 것이 본래의 의도라는 것을 잘 알아요. 하지만 아이를 무작정 돕다 보면 문제와 갈등을 피하기보다 오히려 그로 인한 갈등이 생길 수도 있습니다.

아이가 짜증 내고 투정 부리는 소리는 아무리 부모라고 해도 듣기 어렵죠. 하지만 우선은 꾹 참으세요. 그리고 아이의 말을 가장 먼저 사실의 귀로 들으려고 해 보세요. 그런 뒤에 아이를 가볍게 진정시키며 "천천히 다시 해 보자. 급하게 하려고 힘을 꽉 주고 잡으면 오히려 더 어려울 거야"라고 말하면 됩니다. 아이가 두 번세 번째에도 실패하면 그때 아이의 손을 겹쳐서 잡은 뒤, 지퍼를 함께 올려 주세요.

아이는 소속감을 느끼고 싶어 한다

부모와 아이의 의사소통에서 알아 둬야 할 것은 아이들은 모두 관계의 귀를 선호한다는 점입니다. 부모가 아이를 혼내는 말을 했을 때 아이는 '아빠가 나한테 화가 많이 났을까?', '이 일로 엄마가 더 이상 나를 사랑하지 않으면 어떡하지?'라고 걱정하고 두려워해요. 따라서 아이를 훈육할 때 아이의 잘못된 행동만을 차분하게 언급해야 합니다. 절대로 아이의 인성을 의심하지 마세요. 아이는 '우리 엄마 아빠는 내가 실수를 해도 있는 그대로 나를 사랑한다'는 점을 확인받고 싶어 해요. 소속감은 아이의 성장 발달에 두말할 것 없이 중요합니다. 그러니 아이를 혼내는 말로 "너는 정말 버르장머리가 없어!" 또는 "너는 항상 나를 힘들게 해!" 같은 너-전달법을 사용하지 말아야 합니다.

낙담과 실망
–갈등의 온상

다른 무엇보다 아이에게 필요한 것은 앞서 언급했던 소속감이에요. 특히 부모 및 가족에게 속해 있다는 안정감, 자신이 가족의 일원이라는 것을 아이가 느낄 수 있어야 하죠. 만약 아이가 매번 부모에게 꾸중을 듣거나 거부당하면서 소속감을 잃게 되면 아이는 의기소침해서 낙담하게 되고, 때때로 다시 가족의 일원으로 받아들여지기 위해 잘못된 전략을 택하기도 합니다. 아이가 행할 수 있는 이런 잘못된 행동을 루돌프 드라이커스는 '4가지 잘못된 목표'[5]라고 불렀습니다.

a. 가족의 일원이 되기 위해, 특히 부모의 관심을 끌기 위해 거슬리는 행동을 한다. 그에 뒤따르는 비난이나 처벌 같은 부정적인 관심까지도 기꺼이 감수한다.

b. 거친 행동을 보이거나 발작적으로 분노를 폭발해 부모에게 도전적으로 싸움을 건다.

c. 꾸중을 들으면 들을수록 자신에게 상처 준 부모에게 복수하려고 애쓴다.

d. 가족으로 인정받으려는 자신의 노력이 더 이상 쓸데없다고 여겨지면 무기력한 모습으로 상황을 포기하거나 회피한다.

아이가 이런 태도를 보이면 부모는 망연자실한 채 스스로에게 묻게 되죠. "대체 이 아이를 어떻게 해야 하지?"

하지만 아이에게 이러한 행동을 그만두라고 요구할수록 상황은 꼬여 갑니다. 이럴 때 여러분이 느끼는 무력감을 극복하려면 어떻게 해야 할까요? 우선 저런 행동을 반복하는 아이를 미궁에서 꺼내야 합니다. 가장 먼저 아이의 행동과 아이의 인격을 서로 분리시키는 것이 필요해요. 이를테면 이렇게 말하는 거예요.

"엄마/아빠가 너를 진짜 사랑하는 거, 너도 알지? 하지만 지금 '이 행동'은 잘못됐어."

설령 아이의 행동이 나쁘거나 맘에 안 들더라도 아이 자체가 '나쁜 아이' 또는 '못된 아이'라는 생각이 들게 해서는 안 돼요. 또 아이에게 '심술쟁이' 또는 '거짓말쟁이'와 같은 표현을 쓰지 않도록 주의하세요. 아이를 어떻다고 지칭하는 순간, 아이는 부모가 자신을 '아예 그런 아이'로 규정해 버렸다고 여깁니다. 또한 강한 어투로 말한다고 아이의 행동이 개선되는 것도 아니라는 점을 기억하세요. 그보다 아이의 행동이 조금이라도 좋아졌을 때를 재빨리 알아차리고 칭찬해 주는 게 좋습니다. 개선된 행동이 그대로 유지될 수 있도록 아이에게 용기를 주세요. 그럼 아이는 '나는 할 수 있다'라는 확신과 신뢰를 갖습니다.

아이의 감정을 이해하고 인정하기

당신이 꼭 들어가고 싶던 회사에 입사 지원했다고 상상해 보세요. 간절히 원했지만 합격의 문턱에서 거절당하고 말았습니다. 크게 실망한 당신은 친한 친구에게 심정을 털어놓았고, 그 사람은 다음과 같이 위로의 말을 했습니다. "아직 괜찮아. 다른 곳에 지원하면 돼!" 이 말은 위로가 되었을까요? 오히려 당신을 한 번 더 좌절하게 만들지는 않나요?

아이들도 이와 비슷한 경험을 합니다. 넘어졌을 때 부모가 "별거 아냐. 울 필요 없어!"라고 말한다거나, 아이는 우울한데 옆에서 "자, 얼굴 찡그리지 말고 웃어 봐! 그러면 세상이 다르게 보일 거야!"라고 말하는 경우가 그렇습니다. 부모가 이런 가벼운 위로를 보낼 때마다 아이는 자신이 느끼는 감정을 제대로 이해받지 못한다고 여깁니다. 물론 어떠한 위안도 전혀 받지 못하고요. 부모는 따뜻한 말들로 아이의 불쾌한 감정을 얼른 날려 보내려 하지만 최악의 경우, 아이는 그것을 위협으로 듣기도 합니다. "겨우 이 정도 일로 그렇게 풀 죽어 있을 거야? 훅 털고 일어나지 못해?"와 같은 말을 들었을 때처럼 말입니다.

아이에게는 지금 당장 내 기분이나 감정 표현이 삐뚤더라도 그 감정을 이해하고 기다려 줄 수 있는 사람이 절실히 필요합니다. 그것부터 실행되어야 아이는 자신의 감정을 제대로 인식하고 받아들이며 자신의 감정을 걸맞게 표현하는 법을 배우게 되니까요.

중요

감성이 풍부한 부모 vs 감성이 풍부한 아이

아이의 감정을 이해할 수 있는 부모는 대개 '감성지능Emotional Intelligence'이 대단히 높은 편이라고 합니다. 이 개념은 미국 심리학자 대니얼 골먼Daniel Goleman이 쓴 『EQ 감성지능』[6]을 통해 우리나라에 널리 알려졌는데, 이는 자신과 상대방의 감정을 잘 파악해 적절히 다룰 수 있는 능력을 뜻합니다. 그는 감성지능이 높은 부모가 감성지능이 낮은 부모에 비해 아이와 좋은 관계를 형성한다고 말해요. 감성지능이 높을수록 아이의 감정에 관심이 많으며 덕분에 아이와의 관계에서도 긴장이나 갈등이 적기 때문입니다.

3

아이에게 넘으면 안 되는
선을 알려 주자

"이 세상 모든 부모들은 다른 것은 몰라도 남의 집 아이를 어떻게 교육시켜야 하는지, 이 한 가지는 알고 있다."

심리분석가 앨리스 밀러Alice Miller의 이 문장은 정말이지 여러 사람의 정곡을 푹 하고 찌르죠. 실제로 우리는 우리 집에서 일어난 문제는 복합적인 문제라 어렵다고 말하면서, 다른 가정의 문제에 대해서는 꽤나 간단하고 쉬운 것이라 치부합니다. 문제적 상황은 보통 거리를 두고 바라볼수록 그 원인이 더 잘 파악되기 마련이니까요. 그리고 무엇보다 다른 아이의 문제는 말 그대로 '남의 집' 문제잖아요!

그럼 '자기 집에서' 벌어진 갈등을 마치 '남의 집' 문제인 것처럼 여겨 보면 좀 나아질까요? 결과를 먼저 말하자면 아니에요. 거리 두기는 장기적으로 별 도움이 되지 않습니다. 차라리 그 시간에 갈등을 다루는 법을 제때 배우는 것이 좋아요. 어느 날 갈등이 너무 커져 펑! 폭발하기 전에 말이에요. 가장 먼저 미리 준비해야 할 것은 아이가 무례하게 행동할 때 넘지 말아야 할 명백한 경계를 정하는 겁니다.

다정하고 분명하게 "안 돼!"

많은 부모들이 의외로 어려워하는 것들 가운데 하나는 아이가 무리한 요구를 하거나 행동이 지나칠 때 분명하고 설득력 있게 "안 돼!"라고 말하기예요. 이걸 어렵게 느끼는 두 가지 근본적 원인이 있습니다. 하나는 아이의 요구를 거절하는 것이 미안하기 때문이고 다른 하나는 아이가 원하는 것을 얻지 못하면 실망할까 두려워서예요.

하지만 이때 말하는 명백한 거절인 '안 돼!'는 매정하거나 야박한 것과 아무런 상관이 없습니다. 상황에 따라서는 당연히 '안 돼!'라고 말하는 것이 필요할 때도 있어요. 13살 아이가 성인용 게임을 하겠다고 한다거나 무단횡단을 하려는 모습을 목격했을 경우가 그렇습니다. 이렇게까지 명백한 상황이 아니더라도 부탁을 거절할 때는 그 말을 내뱉는 것에 거리낌이 없어야 합니다.

학교에 다녀와서 미술 숙제를 하던 아이가 어렵다고 투정을 부리며 문득 부모에게 말합니다. "이것만 마저 해 주면 안 돼요? 전 이따 학원 숙제도 해야 하는데…"

이때 우리는 대부분 어떻게 반응할까요? 이건 아이의 학업이나 성적과 관련된 일이라는 생각이 먼저 들 거예요. 그리곤 단호하게 "안 돼!"라고 말해도 되는지를 순간적으로 고민하게 됩니다. 그래서 이런 질문을 받았을 때 부모가 보이는 전형적인 반응들은 대개 이렇습니다.

"정말 혼자 다 못 하는 거야? 숙제가 그렇게 많아?" 하고 역질문을 하는 경우, 아이는 단호하지 못한 답변 속에서 '안 된다고 말해도 되려나?' 같은 부모의 걱정이나 불안을 재빠르게 감지합니다. 부모가 이 결정에 확신이 없다는 사실을 한번 눈치 채면 자신의 목적을 달성할 때까지 아이는 계속 부모를 졸라댈 거예요.

어떤 부모는 "참, 너 좋아하는 프로그램 좀 있으면 시작하는데? 지금부터 후다닥하면 그 전에 끝내겠네!"라고 말하며 아이의 관심을 다른 곳으로 돌리려 해요. 하지만 앞선 내용들을 당신이 집중해서 읽었다면 추론할 수 있을 거예요. 이런 회피 반응은 아이의 요구를 부모가 아예 무시했다고 생각하게 만듭니다.

"어휴, 엄마/아빠도 지금 바빠. 할 일이 태산이야!"라고 되받아쳤다면 어떨까요? 만일 이때 부모가 신경질적인 목소리로 말했다면 이는 곧 "너까지 나를 스트레스를 받게 하니?"와 같이 아이를 비난하는 것이나 다름없습니다.

위에서 언급한 3가지 예시에서 알 수 있듯 문제 상황을 회피하면 아무것도 해결할 수 없습니다. 이런 식으로 회피하면 도리어 아이에게 또 다른 불쾌한 반응을 이끌어 내기까지 해요. 그렇기 때문에 '너 혼자서도 이 상황을 해결할 수 있어'라는 믿음이 있다는 걸 아이가 느낄 수 있도록 분명하게 거절하는 것이 더 좋습니다.

다짜고짜 "안 돼!"라고 하는 것이 아니라 부모가 설득력 있게 "그건 네가 해야 할 숙제야. 하지만 힘들면 좀 쉬었다가 해도 괜찮아" 등 문장에 살을 덧붙이면 아이는 우선 부모가 자신의 요청을 흘려듣지 않고, 확실히 생각해서 답변을 해 줬다고 여겨요. 왜냐하면 자신이 힘들어하는 것을 두고 싫증 나서 투정을 부린 거라고 부모가 의심하지 않고 (만약 실제로 투정이었을지라도!) 그 감정을 이해해 줬다고 받아들이기 때문이에요. 가끔은 부모의 거절로 인해 자기가 힘들어하는 실제 원인이 어디에 있는지 정확히 알게 되기도 해요.

기 싸움이 시작되려고 합니다!

부모가 분명하고 확실하게 "안 돼!"라고 말해도 아이들은 이의를 제기하며 반항하기 마련입니다. 자신의 요구사항을 부모가 한 번 거절했다고 "네, 그렇죠" 하고 그대로 수긍하거나 그 자리에서 포기하는 아이는 거의 없으니까요. 오히려 대부분 칭얼거리거나 징징 우는 소리를 낼 거예요. 심한 경우 확 짜증을 내고, 물건을 책상에 내리치며 소란을 피우는 등 온갖 수단을 동원해서 표현 강도를 더욱 높이기도 할 겁니다.

아이가 이렇게 나오면 당연히 부모는 자극받아 화가 나기 때문에 대다수 아이의 행동을 제지할 강력한 수단을 찾고 싶어집니다. 그럼 이때부터 갈등 해결은 뒷전으로 밀리고 상황은 기 싸움으로 번지게 되죠.

기 싸움, 즉 일종의 서열 싸움에는 승자와 패자가 있습니다. 부모가 가장 하기 쉬운 방법은 말을 듣지 않으면 벌을 줄 거라고 위협해 자신의 뜻대로 상황을 이끄는 거예요. 보통 아이를 상대로 한 기 싸움에서 부모는 표면상 승리를 거두기는 합니다. 그러나 잃는 것 또한 많아요. 이번에는 이겼다고 해도 자연스럽게 다음과 같은 생각을 하게 될 테니까요. '이후에 또다시 갈등이 생겼을 때는 얘가 나를 더욱 힘들게 하겠지', '다음 기 싸움에서는 이기려고

오늘보다 훨씬 더 거칠게 나올 거야.'

따라서 아이와의 논쟁이 자칫 기 싸움으로까지 번지기 전에 재빨리 발을 빼기를 권해요. 논쟁에서 발을 빼려면 어떻게 해야 할까요? 이는 다음에 나올 '숫자를 세면 그만하기야 – 하나, 둘, 셋!' 부분에 자세하게 다뤘습니다.

그 전에 아이의 기 싸움에 대해 더 생각해 볼게요. 기 싸움이란 단순히 고성이 오가는 아이의 저항이나 반항만을 가리키는 게 아닙니다. 못할 이유가 딱히 없어 보이는데 무기력하게 행동하는 것도 기 싸움의 한 양상일 수 있어요.

아이가 혼자서도 충분히 해낼 수 있는 어떤 과제나 요구사항이 있다고 해 볼게요. 그런데 아이가 딱 부러지게 "나는 그거 못해요!"라고 한다면, 부모는 일단 아이와 그 상황을(여기서는 숙제를) 한번 들여다봐야 합니다. 슬쩍 보기에 정말로 아이가 혼자서 할 수 없다고 여겨진다면 시간이 조금 많이 걸려도 스스로 해낼 수 있도록 격려해 주거나, 필요한 경우 부모가 직접 도움을 주면 돼요. 그러나 그것이 지금까지 아이가 누군가의 도움 없이 해 오던 과제라면 원인은 다른 곳에 있다고 추측해 봐야 합니다. 예를 들어, 그 행동은 부모의 관심을 끌고 싶은 아이의 안타까운 시도일 수 있어요. "나한테 신경 좀 써 주세요. 나를 진심으로 아낀다면 도와줄 거잖아요"라는 의미일 수도 있다는 뜻이에요.

이 경우에 부모는 가능하면 최대한 기 싸움에 휘말리지 않는 게 좋습니다. 한 번 더 강조하자면 아이가 어려워하는 일을 거들거나 직접 도와주는 것은 절대 아이에게 이로운 행동이 아니에요. 당신의 도움은 오히려 아이의 가능성을 방해합니다. 따라서 "스스로 할 수 있어!"라는 방향으로 도와 달라는 아이의 요청을 정중하게 그러나 분명하게 거절해야 합니다.

힌트   **'말 센스'로 한 방 펀치**

좀 이상하게 들릴지 모르지만 초등학교 교육 현장에서는 '한 방 먹이는 농담'으로 대응하는 것이 여러모로 유용할 때가 많습니다. '한 방 먹이다'라는 표현은 아이를 당황시킨다는 점에서 나온 거랍니다. 다시 말해 농담의 목적은 아이에게 반격하는 게 아니라 예상치 못한 대답으로 아이의 의도를 무산시키는 데 있습니다.

수학에서 낮은 점수를 받은 아이가 "내가 공부를 안 한 게 아니고, 선생님이 수업 시간에 대충 넘어간 부분들만 문제로 내셨어!"라고 말합니다. 그럼 여러분은 "그게 말이 되니…?"라고 운을 떼며 잔소리를 한 바가지 쏘아댈 준비를 할 테죠. 그 말들을 아이가 집중해서 귀담아 들을까요? 우리 모두 답을 알다시피 아이는 전혀 타격을 입지 않을 거예요. 그러니 긴 연설을 하는 것보다 차라리 "에고고, 거기까지는 눈치 챘었구나. 아쉽네. 선생님은 너희가 딱! 그 부분을 공부하길 바라셨을 텐데"라고 능청스럽게 받아치는 건 어떨까요? 그럼 아이의 핑계를 곧이곧대로 받아들이지 않는다는 것을 보여 주면서 동시에 아이와 끔찍한 말싸움에 휘말리는 것을 미리 막을 수 있어요.

말 센스는 천부적인 재능이 있어야만 할 수 있는 능력이 결코 아닙니다. 능숙하게는 아니더라도 연습을 통해 일종의 패턴을 만들 수 있어요. 이 패턴을 연습해 두면 아이가 여러분을 상처 주는 말로 대들며 함정에 빠트리려 할 때 특히 도움이 많이 될 거예요. 이를테면 아이가 "엄마/아빠는 진짜 짜증 나! 완전 별로야!"라고 했을 때, 부모(엄마나 아빠)가 "어머, 너도 그런데. 우리 가족은 정말 찰떡궁합이지?"라고 말을 해서 아이의 의도를 무산시키는 식이에요.

여기 비교적 쉽게 적용해 볼 수 있는 말솜씨 기술 5가지 방법을 준비했어요!

① 아이가 비난했을 때는 선뜻 맞장구치세요. 상처를 주려고 던진 말에 순순히 맞다고 대꾸하면 아이가 여러 의미에서 말문이 막힐 거예요. 그런 말로는 날 상처를 줄 수 없다는 반응은 아이의 공격을 무효로 만들어요.

"엄마/아빠 때문에 신경질 나!"

→ "그치? 내가 그쪽으로는 좀 자신 있거든."

"엄마/아빠는 너무 촌스러워!"

→ "맞아. 그게 내 특징이야."

② 비난하는 표현을 긍정적인 의미가 담긴 말로 바꾸세요.

"엄마/아빠는 정말 나빴어!"

→ "핑계를 들어주지 않는 게 나쁜 거니? 그래, 그럼 나는 나쁜 사람인 걸로 하자."

"엄마/아빠 진짜 깬다…."

→ "민폐 끼치지 않으려는 게 분위기 깨는 거라면, 좋아. 그럼 난 계속 분위기를 깰게!"

③ "안 돼!"라고 분명하게 선을 긋는 것도 기술입니다. 꼭 필요한 순간에 주저하지 않고 "안 돼!"라고 말하고, 더 이상 왈가왈부하지 않겠다는 것을 명백히 하는 거죠.

"마지막으로 딱 한 번만 더 학원에 차로 데려다줄 수 있어요?"

→ "안 돼! 그때가 마지막이었어."

"나 학교 늦겠어! 데려다줘, 빨리!"

→ "아까 분명 지각 아닐 거라고 했지? 그럼 안 돼."

④ 적절한 질문으로 되묻는 것도 방법이에요. 중요한 점은 언성을 높이는 것이 아니라, 진심으로 답변을 바라고 질문을 하는 것이어야 해요.

"나한테 좀 더 상냥하게 대해 주면 안 돼요?"

→ "내 어떤 행동이 안 좋게 느껴졌어?"

"엄마는 왜 윤정이네 엄마처럼 이런 걸 쿨하게 못 넘어가?"

→ "그래? 그럼 네 생각에는 엄마가 어떻게 해야 되겠니?"

⑤ 아이가 하는 말을 인정하는 식으로 반응하세요. 아이가 잘한 일에만 초점을 맞춰 칭찬하며 넘기는 거예요.

"엄마/아빠는 나를 절대 안 도와주잖아. 진짜 나빠!"

→ "그런데 봐, 안 도와줬는데 지금 너 혼자 아주 잘하잖아. 정말 잘했어!"

"우웩, 진짜 맛없어. 그러니까 케이크에 초콜릿 더 넣자니까!"

→ "그러게, 다음번에는 네 말 꼭 들을게. 알려 줘서 고마워!"

숫자를 세면 그만하기야
- 하나, 둘, 셋!

기 싸움은 정말 순식간에 벌어집니다. 보통 전혀 악의 없는 말로 대화를 시작했다가 합의점이나 해결책이 나오지 않고 마냥 늘어지기만 하면서 기 싸움으로 번지는 경우가 많아요.

아이가 저녁 무렵 "엄마, 수진이랑 잠깐 편의점 갔다 와도 돼?"라고 말했다고 생각해 보세요. 식사 시간에 가까울수록 우리는 이렇게 말할 거예요. "안 돼. 금방 저녁 먹을 거야." 대화의 흐름을 예상해 볼까요?

"근데 수진이가 기다리기로 했단 말이야. 그럼 잠깐 만나고만 올게, 응?"

"엄마 말 못 들었어? 안 된다고 했지."

"그럼 수진이는 어떡하라고? 길에 세워 놔?"

"애초에 네가 허락 없이 수진이랑 약속을 안 잡았으면 그런 일도 없었잖아."

"아, 딱 한 번만! 엄마는 매번 이런 식으로 내 친구 관계를 망쳐야 속이 시원해?"

자, 이쯤 되면 대화는 부모로서 참기 어려운 지점에 곧 도달하게 될 거예요. 아니면 이미 도달한 걸까요? 여러분은 곧 이렇게 버럭 외칠지도 모르겠어요. "너! 한마디만 더 해. 앞으로 이 시간에 애들이랑 어디 나갈 생각은 하지도 마!"

고함을 지르거나 겁을 주는 것 말고 아이가 징징대는 것을 멈추게 할 좋은 방법은 없을까요? 다행히도 전문가가 한 가지 방법을 제시했습니다. 미국 심리학자 토머스 W. 펠런Thomas W. Phelan이 80년대에 개발한 '마법의 하나 둘 셋(1-2-3)'이라는 방법이에요.[7] 40년이나 흐른 지금도 이 간단한 방법으로 아이의 거슬리는 행동을 멈추게 할 수 있습니다. 앞의 상황에 이 방법을 사용해 볼게요.

"엄마, 수진이랑 잠깐 편의점 갔다 와도 돼?"

"안 돼. 금방 저녁 먹을 거야."

"근데 수진이가 기다리기로 했단 말이야. 그럼 잠깐 만나고만 올게, 응?"

1-2-3 방법을 사용한다면 이쯤에서 엄마가 손가락 하나를 위로 추켜올리며 "하나"라고 말할 거예요. 이외에는 아무 말도 할 필요 없습니다. 그래도 아이는 계속해서 "내 친구를 바람맞히라는 거냐"라고 말합니다. 그러면 엄마는 손가락을 하나 더 펼치며 "둘"하고 말하면 됩니다. 만일 아이가 불평을 멈추지 않는다면 세 번째 손가락을 펼치며 이렇게 말하세요. "셋! 10분간 타임!" 이제 아이는 10분 동안 자신의 방에 가 있어야 합니다. 이것으로 대화는 끝나고 작전타임 후에도 부모와 아이는 이 문제를 다시 거론하지

않습니다. 정말로 이런 방법이 통할까 의문을 가지겠지만, 놀랍게도 통합니다! 단 다음과 같은 몇 가지 조건이 있어요.

첫째, 1-2-3 방법은 전적으로 아이의 나쁜 행동 즉 투덜거림, 비속어, 폭력적인 행동 같은 문제적 행동들을 멈추게 만드는 것이지 방 청소나 숙제처럼 부모가 원하는 대로 아이의 행동을 통제하기 위한 것이 아닙니다. 청소나 숙제처럼 일종의 과제 행동들은 1-2-3을 셌다고 해서 그 안에 해결할 수 있는 게 아니고, 끈기와 동기가 필요하기 때문이에요.

둘째, 이 방법은 1-2-3을 세면 어떻게 하기로 사전에 아이와 약속되어 있어야 합니다. 숫자를 세는 것이 어떤 의미이고 또 어떤 목적이 있는지, 그리고 작전타임이 곧 처벌이 아니라는 것을 아이도 충분히 알고 있어야 해요. 그러니 이 방법을 써서 대화를 멈추는 것은 더 큰 다툼으로 가지 않기 위한 행동이라는 것을 잘 설명해 놓으세요.

셋째, 이 방법은 꼭 일관성이 있게 적용되어야 합니다. 부모는 숫자를 세는 것과 작전타임 시간을 정확히 지키고, 그 후 조금 전에 벌어진 일에 대해서는 양측 모두 입 밖으로 꺼내지 않아야 해요. 모든 전제 조건을 충족시켰다면 여러분은 아이에게 넘지 말아야 할 경계선을 확실히 보여 줄 수 있는 아주 멋진 수단을 손에 넣은 거랍니다!

싸움이 커지면 어떻게 해야 하지?

여러분은 아이와 결말 없는 말싸움을 해 봤자 별로 좋을 게 없다는 것을 알고 있을 겁니다. 그러니 아이의 행동을 제지할 때는 스스로 침착하고 부드러운 목소리로 말하고 있는지를 신경 써야 해요. 그래야 부모와 아이 모두 감정의 동요가 일어나지 않습니다. 말싸움이 시작되기 직전이라는 점에서 이미 다들 신경이 곤두서 있고 평화 안전등이 깜빡거리는 상태라는 건 분명하죠. 그러니 어느 쪽에서든 아주 작은 도발 하나를 던지는 것만으로도 갈등이 치솟을 수 있습니다.

진심으로 사과하자

갈등 상황에서 평정심을 잃은 나머지 끝내 호통을 치며 아이에게 커다란 상처를 주었다면 어떻게 해야 할까요? 이때 조용한 곳에서 "어휴, 내가 왜 그랬지?"라며 후회하고 스스로를 자책하는 것도 필요하겠지만 아이에게는 닿지 않습니다. 오직 진심으로 사과하는 것만이 유일한 길이에요. 시간이 좀 지나면 기분이 풀리겠거니, 막연한 희망으로 이번 일이 잊히길 무작정 기다리는 것도 사과할 때를 놓치는 셈입니다. 아이는 어른에게 받은 상처를 결코 쉽게 잊지 않아요.

우리가 아이에게 사과할 때 어떤 태도인지도 한번 점검해 보세요. '그냥 후딱 해치우자' 식은 금물! 생각 정리를 하지 않은 채 서두르면 "일부러 그런 게 아니라니까? 그리고 너도 썩 잘한 건 아니잖아!"와 같은 말실수를 하게 됩니다. 그럼 화해는커녕 말싸움 2차전이 시작되고 아이에게 더 많은 상처를 줄 가능성이 높습니다.

사과를 할 때는 당신이 직접 아이에게 다가가야 하고, 최대한 소리 내어 말로 하는 게 좋습니다. 그런데 아이들은 말다툼 직후 부모와 다시 얘기해 봐야 자신만 불리하다고 생각해 대화를 거부할 수 있어요. 그렇다면 나중에 다시 대화하자고 간단히 언질만 주세요. 무엇보다 이때 우리는 아이에게 사과를 하려는 것이지 결코 말싸움을 다시 하려는 게 아니라는 걸 확실히 짚어야 합니다. "아까는 미안해. 이따가 엄마/아빠 이야기 좀 들어 줄래?"라는 식으로 말이에요.

아이가 여러분 말을 들어 줄 준비가 되었다면 방금 그 일이 벌어진 배경이나 경위를 설명해 보세요. "아까는 정말 미안했어. 하루 종일 할 일은 많고, 몸도 피곤해서 너무 힘들었나 봐. 그렇다고 너한테 그런 말을 하면 안 되는데……"

자신이 왜 이렇게까지 감정이 격해졌는지를 이야기하되, 핑계를 대고 피하려 하지 말아야 합니다. 또 아이에게 저지른 실수를 대수롭지 않은 일로 축소하거나 왜곡시켜서도 안 돼요. 우리가 친구에게 사과할 때 피해야 하는 표현들을 생각하면 쉽습니다. 아이를 우리와 동등한 인격으로 대한다면 어떻게 사과해야 하는지, 그 방법은 크게 어렵지 않을 거예요.

힌트　　　**대화를 나눌 수 있는 적당한 시간 찾기**

아이와 한바탕 싸움을 끝낸 후, 다시 아이와 대화를 하려는 여러분. 그런데 여러분이나 아이나 차분하게 다시 대화를 나눌 수 있을 만큼 충분한 시간이 지났는지 확신이 잘 서질 않나요? 언제쯤이면 스스로 냉정을 되찾을 수 있을지도 장담하기 어렵다면 우선 여러분의 상태부터 체크해 보세요.

똑같은 말을 들어도 발끈하지는 않을까?
동요하지 않을 만큼 감정이 가라앉았나?
잘못된 일을 빨리 바로잡고 싶은 건 아닐까?
내 행동을 설명하고 싶은 마음이 먼저인가?

만일 여러분의 마음이 위 질문들 가운데 하나라도 해당된다면 아직 대화를 하지 않는 게 낫습니다. 이런 상태에서 다시 대화를 시작하면 자칫 상황이 되풀이될 우려가 있습니다. 어쩌면 이번 일과 관계없이 항상 마음속에 담아 두었던 말까지 죄다 꺼내 놓을지도 몰라요. 그럼 여기서 끝날 대화가 아주 멀리까지 넘어가 버릴 가능성이 높죠.

그렇다면 어떻게 대화를 해야 할까?

아이와 부모의 다툼은 특수한 환경과 상황에서 생긴 일시적인 문제일 수도 있지만, 보통은 매번 비슷한 양상을 띠며 반복적으로 나타납니다. 유사한 갈등들이 매번 반복되고 있다면 아이와 나의 '메타 커뮤니케이션meta-communication'을 확인해 보는 건 어떨까요?

메타 커뮤니케이션은 대화를 할 때 그 사람이 말한 문장 안에 숨겨진 '또 다른 메시지'를 가리켜요. 의사소통을 할 때 입으로 실제 내뱉는 언어적 표현과 눈짓이나 몸짓으로 보이는 비언어적 표현이 항상 일치하지는 않습니다. 이런 모순적인 태도는 종종 어떤 의도를 숨기거나 일부러 드러내기 위해서 사용됩니다. 다음 상황이 그 예시 가운데 하나예요.

13살 아이가 분명 학원 교재를 산다며 용돈을 받아 집을 나섰는데, 아빠가 학원에 전화해 보니 새로 사야 하는 교재는 없었습니다. 그날 오후, 아빠는 집으로 돌아온 아이에게 짐짓 무서운 표정으로 물어요. "아까 학원에서 사라던 문제집은 샀어?"

내용만으로 보았을 때 문제집을 샀는지 여부를 묻는 것이지만 무언가를 못마땅하게 여기는 표정과 무거운 목소리는 '거짓말로 용돈을 타 갔지? 뭐 하려고 했던 거야?'라는 아이에 대한 통제와 질책이 숨겨져 있다는 걸 드러냅니다.

아이에게 "새로 살 문제집이 없다던데? 어떻게 된 거야?"라고 직접적으로 묻는 것보다 이렇게 숨겨진 메시지를 드러내는 것에 아이는 더 큰 압박을 받을 수 있습니다. 그럼 아이는 그 무게감 때문에 반발하거나 아예 회피하려고 변명을 늘어놓으며 상황을 더 악화시킬지도 모릅니다. 그러니 아이와 함께 평상시 반복되는 갈등 상황에서 우리는 서로 어떻게 대화하고 있는지, 그리고 그 방식이 서로에게 어떤 느낌을 주는지 이야기하며 말하는 방식을 조율해 나가는 것이 필요해요.

어떤 상황이 주로 양쪽 모두의 감정을 상하게 만들까?
특히 마음을 불편하게 만드는 표정이나 말투가 있나?
그런 것들은 대화에 얼마나 자주 등장할까?

아이와 함께 앞선 질문에 대한 답을 우선 생각해 보고, 그다음 아래 질문에 대해 생각해 보세요.

우리는 주로 어떤 이유로 말싸움이 시작되고 끝났었나?
다투고 나서 우리는 주로 어떤 행동을 했나?

질문을 하면서 아이와 여러분은 서로 상대방의 상황과 입장을 생각할 수 있고, 또 상대방이 대화하면서 느끼는 감정과 그 이유를 알 수 있습니다. 또한 "우리 이럴 때는 이렇게 하기로 할까?"라며 서로를 규칙을 만들어, 아이와 부모가 모두 만족하는 대화 방법을 조금씩 발전시켜 나가세요. 이미 지나간 갈등이나 문제를 함께 해결할 수 있을 뿐만 아니라 앞으로 발생할 수 있는 새로운 갈등을 미연에 방지할 수도 있습니다.

4

가족끼리 지켜야 할
규칙 세우기

스포츠에서 정해진 경기 규칙은 반드시 지켜야 하는 것처럼 가족끼리 정한 규칙은 가족 모두가 지켜야 합니다. 그 규칙이 식사 시간에 해당하는 것일 수도 있고, 공부와 관련된 것일 수도 있어요. 때로는 자유로운 여가활동에 해당할 수도 있습니다. 무엇이든 간에 서로 약속을 하고 규칙을 정했다면 그 규칙을 따라야 하죠. 또, 가족 규칙에는 '규칙을 따르지 않았을 때 시행되는 규칙'이 있어요. 다시 말해, '어떠한 상황에서 이렇게 행동하기'뿐만 아니라 그 규칙을 지키지 않았을 경우에 나타날 결과까지 정할 수 있습니다. 가족과 함께 만들어 세운 일상생활 규칙은 아이에게 행동의 발판과 기준 그리고 앞으로 나아갈 방향을 제시해 줄 거예요.

가족 규칙은 어떻게 정할까?

　가족들은 각자 일상생활에서 지켜야 할 규칙들을 스스로 정해야 합니다. 생활에서 필요한 규칙들을 찾아 계획을 세울 때 반드시 아이도 함께 해야 해요. 그래야 아이도 공동체의 삶에 기여하는 법을 배우고 가족에 대한 책임감을 느끼기 때문이에요. 물론 이 규칙을 한꺼번에 다 결정할 수는 없습니다. 그러니 규칙을 세울 때는 한 번에 최대 2개까지만 세우는 걸로 하세요. 그리고 정해진 규칙들을 며칠 동안 따라 본 후 다른 규칙들을 더 만들 것인지를 판단하면 된답니다.

　가정에서 지켜야 할 규칙들을 하나씩 따지기 시작하면 굉장히 많아요. 이를테면 신발장 정리는 각자 할지 누가 도맡아 할지, 식사 준비나 식탁 정리는 어떻게 할지 등 집안일에서 각자 맡을 역할을 정하는 것도 이 규칙에 해당해요. 마찬가지로 이 시간에 어떤 TV 프로그램을 볼 건지, 컴퓨터 사용 시간은 각자 얼마인지 등 가족끼리 시간을 공유할 때 필요한 규칙들도 함께 정하며 또한 그 시간에 어떻게 행동할지 예의범절도 규칙으로 정할 수 있습니다. 다만 유의해야 할 점이 있어요. '규칙으로 정하면 모두가 지킨다'가 조건이기에 모든 가족들에게 버겁지 않도록 강도를 조절해야 한다는 거죠!

규칙을 잘 세우기 위한 우리의 자세

아이와 함께 가정에서 지켜야 할 규칙을 정하고, 아이가 약속을 잘 지키겠다 말했지만 때로는 이런 규칙들을 무시하는 일이 종종 생기기 마련입니다. 부모는 이런 일이 생길 수 있다는 것을 항상 염두에 두고, 또 실제로 이런 일이 벌어졌을 때 어떻게 대처해야 좋을지를 신중하게 생각해 둬야 해요.

아이가 규칙을 무시하거나 어겼다면 반드시 이를 언급해 아이의 주의를 환기시키세요. 다시 말해 "자유 시간이 다 끝났어. 약속대로 TV 끄자"라고 말하는 거예요. 이와 달리 "이제 꺼야 하지 않아?"와 같은 다소 단호하지 못한 요청, "다음에 마저 보자" 같은 조심스런 요구, 특히 "너 왜 안 지켜?"처럼 '왜'라는 질문으로 아이에게 규칙을 환기시킨다면 큰 효과를 기대하기 어렵습니다. 덧붙여 "앞으로 텔레비전 보지 마"라고 금지시키는 것도 원하는 목적을 이룰 수 없습니다. "당장 텔레비전 꺼!"나 "당장 안 끄면 2주 동안 못 볼 줄 알아"라는 식의 명령과 위협은 더더욱 효과가 없어요. 명령을 하거나 벌을 주겠다고 위협하는 것은 그 순간에는 어느 정도 효과가 있지만, 장기적으로 보면 아이의 반항심만 더욱 키울 뿐이거든요.

이럴 때는 언제나 '명백한 문장'이 좋습니다. 조용하고 확고한 음성으로 말하되 너무 권위적인 표현은 사용하지 않도록 신경 쓰세요. 아이에게, 특히 연령이 낮을수록 어떤 요구를 할 때 아이의 눈높이에서 손이나 어깨를 가볍게 터치하며 말하는 게 효과적입니다. 또한 아이에게 해야 할 말만 한 뒤 금방 제자리로 돌아가지 말고 아이가 요구사항을 따를 때까지, 즉 텔레비전을 끌 때까지 기다려 주세요. 그런데도 아이가 규칙을 따르지 않는다면 같은 요구사항을 다시 반복합니다. 이때 부모는 이 규칙에 대해 아이와 어떠한 토론이나 대화도 용납하지 말아야 해요.

중요

불분명한 메시지는 통하지 않는다

아이가 때로는 고집을 부리며 요구사항을 따르지 않을 거예요. 그런데 그 이유가 어쩌면 여러분의 태도가 불분명했기 때문일지도 모릅니다. 아이에게 무언가 지시할 때 그 내용과 여러분의 목소리, 표정, 몸짓이 서로 일치하지 않았을 수 있다는 뜻이에요. 말하는 태도와 달리 그 내용이 너무 조심스럽거나 완고하면 아이는 말 뒤에 숨은 우유부단함을 금세 알아차립니다. 그 결과, 아이는 부모가 한 말을 진지하게 받아들이지 않게 되는 거죠.

아이는 결과에서 보고 배운다

아이가 규칙을 지키고 그것에 익숙해지도록 최선을 다해 노력해 보았지만, 번번이 실패하는 규칙들도 몇 가지 있을 거예요. 아이가 매번 약속한 규칙을 지키지 않으면 대부분 부모들은 체념하고 '벌을 주는 것'으로 결론을 내립니다. 그런데 벌을 주는 것 말고 다른 방법은 없을까 고민하고 계신가요? 처벌보다 더 효과적인 방법은 있습니다! 바로 아이가 저지른 행동이 불러낸 결과를 보여 주고, 그 결과에서 교훈을 배우도록 하는 겁니다.

당연한 결과는 당연히 생기는 법!

'당연한 결과'와 '논리적 결과'는 근본적으로 차이가 있습니다. 당연한 결과는 다른 사람이 아무것도 안 해도 생기는 것들입니다. '맨발로 눈 위를 걸으면 발이 시리다, 비 오는 날 우산을 안 쓰면 비에 푹 젖는다, 물이 든 컵을 들고 뛰면 물을 바닥에 흘린다' 같은 것들이 여기에 해당돼요.

이런 당연한 결과를 알거나 경험한 아이는 다른 사람이 개입하지 않아도 이와 관련된 규칙들은 스스로 깨우칩니다. 따라서 이런 규칙에 대해서는 아이가 지키지 않았을 때 어떤 결과가 생기는지 가볍게 환기시켜 주기만 하면 됩니다. 부모에게서 "음료수 들고 뛰면 다 쏟아"라는 말을 듣고 나서 그 일이 실제로 벌어지면 아이는 자신이 한 행동의 결과를 경험하게 되고, 또 부모의 경고가 제멋대로 정한 금지사항이 아니라는 것을 깨닫습니다.

장황한 잔소리 대신

가능한 한 아이가 경험을 통해 스스로 배울 수 있도록 적극적으로 격려해 보세요. "이번 일을 계기로 좀 깨달았지?"라든가 "그것 봐, 내가 말했잖아"처럼 비난 섞인 평가는 하지 않는 것이 좋습니다. 이런 발언은 아이에게 어리석다고 평가하는 거나 다름없어서, 어떤 행동을 했을 때 원인과 결과를 스스로 이해하고 반성하는 과정을 방해합니다. 그럼 아이는 앞으로 실수가 생길 수 있다는 사실에 자신의 행동에 큰 거부감을 느끼게 됩니다.

따라서 아이가 여러분의 경고를 혼자 떠올리고 스스로 깨달을 수 있도록 하세요. 큰 위험이 없다면 경고나 주의를 준 상황이 실제로 벌어지게 내버려 두는 것도 좋습니다. 실제로 그런 경고가 맞다는 것을 직접 눈으로 보게 하면 그다음부터 아이는 주의나 경고를 잘 따를 거예요.

약속을 통해 생기는 논리적 결과

사실 당연한 결과에는 유감스럽게도 단점이 하나 있어요. 소수의 경우에만 해당된다는 사실이죠. 이를테면 앞에서 언급한 TV 보기와 같은 상황에는 통하지 않습니다. 물론 이 경우에도 화면을 너무 오래 봐서 눈이 나빠진다거나, 머리가 띵하게 아프게 되는 당연한 결과가 있을 수 있지만 이것이 아이가 TV 보는 시간을 스스로 줄일 만큼 큰 동기가 되지는 못해요. 왜냐하면 TV를 오래 봐서 머리가 아프다는 당연한 결과가 주는 불쾌감보다 TV를 보고 싶은 욕구가 훨씬 크기 때문이에요. 이럴 때는 좀 더 복잡한 '논리적 결과'를 선택해야 합니다. 당연한 결과와 달리 논리적 결과는 부모의 분명한 의도로 나오는 결과를 말해요.

TV 이야기로 돌아가 봐요. 아이와 약속했던 시간이 지났거나 아이가 몰래 TV를 보고 있나요? 이럴 경우 논리적 결과의 예시는 이렇습니다. TV 보는 시간을 더 줄이거나 또는 아예 TV를 꺼 버리는 거예요. 이때, 아이는 자신이 약속을 지키지 않으면 부모가 이런 결과를 선택한다는 것을 사전에 알고 있어야 효과적입니다. 즉 약속을 어겼을 경우 어떤 결과가 벌어질지 예측할 수 있어야 한다는 거예요. 그럼 이러한 논리적 결과를 감수하더라도 계속 TV를 볼 것인지, 아니면 약속대로 정해진 시간만큼만 보고 끌 것인지를 아이가 스스로 결정할 수 있습니다.

해결점은 함께 찾자

적절한 논리적 결과를 찾는 일이 항상 쉽지는 않아요. 특히 갑작스럽게 터진 문제 상황처럼 신중히 생각할 시간이 없을 때는 더욱 그렇습니다.

아이가 골목에서 공을 힘껏 찼는데 그 공이 그만 이웃집 현관으로 돌진했어요. 분명 실수였지만 그 바람에 나와 있던 이웃의 화분이 깨져 버렸다면 어떻게 해야 할까요? 이때는 서둘러 논리적 결과를 세우기보다 오히려 "흠, 어떻게 할까?"라고 아이에게 질문해 보세요. 어쩌면 깜짝 놀랄 만큼 단박에 좋은 해결책을 제시할지도 몰라요! "화분이랑 꽃을 새로 사서 선물해 드릴까요? 아니면 옮겨 심는 걸 도와드릴 수도 있을 거예요."

이렇게 아이가 문제에 대한 해결책을 스스로 제시할 수 있다면 잘못된 행동에 대한 논리적 결과를 받아들이는 것 이상으로 더 큰 성장을 보인 셈이죠! 물론 여기서 확실히 짚을 것은 아이가 제시한 해결 방안이 적절한지 판단하거나 그대로 행할지 여부는 부모의 몫이어야 해요.

처벌과 논리적 결과가 같은 거 아닌가?

언뜻 보기에 처벌과 논리적 결과는 비슷합니다. 논리적 결과도 집 밖으로 못 나가게 하거나 용돈 줄이기 같은 조치를 취하기 때문입니다. 하지만 분명한 차이가 있어요. 처벌과 달리 논리적 결과는 아이의 행동과 밀접한 관련이 있으며, 아이의 잘못된 행동과 논리적 결과의 상관관계가 타당하다는 거죠.

논리적 결과는 문제가 된 사물이나 사건에서 아이를 떨어트려 놓는 것이 특징입니다. 아이가 헬멧 없이 자전거로 등하교를 했다고 상상해 보세요. 이때 부모가 선택할 수 있는 논리적 결과는 일정 기간 동안 아이가 자전거를 타지 못하게 하는 거예요. 그런데 이 상황에서 아이의 용돈을 줄인다면 이것은 처벌이 됩니다. 왜냐하면 이 처벌은 아이가 잘못한 부분과는 전혀 관련이 없는 사항이기 때문이에요.

논리적 결과의 또 다른 특징은 잘못으로 인한 피해를 스스로 보상하거나 만회해야 한다는 점입니다. 잘못해서 형제의 물건을 망가뜨렸다면 아이는 망가진 물건을 고치거나 새것으로 바꿔 줘야 해요. 그게 불가능하다면 다른 형태의 보상으로 실수를 만회시켜야 하는데, 물론 여기서 아이가 일으킨 피해의 규모와 아이가 감당해야 하는 보상의 규모는 비슷해야 합니다. 그렇지 않으면 그건 논리적 결과가 아니라 처벌이니까요. 예를 들어 아이가 장난을 치다 컵을 깨뜨렸을 때 "컵 새로 사 오고, 거실까지 싹 다 청소해!"라고 말한다면? 망가뜨린 물건에 대한 보상에 추가로 청소까지 처벌이 더해진 것이기 때문에 두 관계는 동등하지 않으니 이건 논리적 결과가 아니라 처벌에 해당합니다.

중요 야단, 꾸짖음이나 처벌이 도움이 되지 않는 이유

이처럼 당연한 결과나 논리적 결과를 적절히 사용하면 아이의 잘못된 행동을 수월하게 고치고, 건설적인 방향으로 유도할 수 있어요. 반면에 야단이나 처벌은 도움이 되지 않는데 그 이유는 무엇일까요?

만약 여러분 아이가 동생의 팔을 꼬집었습니다. 여러분이 아이를 야단치자 동생의 팔을 꼬집는 일을 멈추었어요. 야단으로 꼬집는 일을 멈출 수 있다는 것이 입증되었으니 어쩌면 이 선택이 적절했다고 생각했을 거예요. 사건이 일단락되었다고 느낀 여러분은 다시 눈을 돌립니다. 그런데 아이가 이번엔 동생의 머리카락을 잡아당기기 시작하는 거예요. 이번에도 여러분은 아이를 야단칩니다. 그런데 이번엔 몇 차례 야단쳐도 소용이 없고 급기야 동생을 한 대 때리기까지 하네요! 이를 본 여러분이 결국 아이를 벌주기 위해 아이에게 간식으로 주었던 초콜릿을 모두 빼앗아 버렸습니다.

이런 처벌을 받은 아이는 이 상황에서 무엇을 배웠을까요? 어쩌면 아이는 이런 결론을 내렸을지도 모릅니다. "동생을 화나게 하면 엄마/아빠가 하던 일을 멈추고 이리로 오네?" 아이가 이렇게 결론을 내릴 수 있는 이유는 야단이나 처벌은 아이에게 불쾌한 행위지만 동시에 일종의 관심이기 때문입니다. 아이들은 언제나 관심이나 인정을 받고 싶어 합니다. 따라서 협조적으로 행동했는데 관심을 받지 못하면 아이는 다른 방법으로 목표를 이루려 해요. 아이는 이제 선을 넘는 무례하거나 과격한 행동으로 관심을 끌게 되죠.

그러니 야단을 치거나 처벌을 하기보다는 논리적 결과를 이용하는 것이 아이에게 더 좋은 방법입니다. 예시 상황처럼 아이가 동생을 다치게 했다면, 자기 몫인 초콜릿을 뺏는 게 아니라 동생에게 사과하고 간식을 함께 나눠먹는 방법으로 아이의 잘못이나 실수를 메우도록 하는 게 효과적이에요.

양심의 가책을 느끼지 마세요!

처벌과 논리적 결과에는 하나의 공통점이 있어요. 그것이 처벌이든 논리적 결과든, 아이는 두 가지 방법 모두 불만스럽고 불편하게 받아들인다는 점입니다. 따라서 부모가 아이의 잘못에 대해 어떤 조치를 내릴 때는 항상 공정해야 하고, 그 조치가 아이의 잘못에 걸맞은 것이어야 해요. 또한 이런 조치를 아이가 순순히 받아들이지 않고 반항할 수 있다는 것도 고려해야 합니다. 만약 아이가 불평하고 거세게 항의할수록 부모는 "혹시 내가 너무 심했나?"라는 의구심이 들어 흔들리기 쉬워요. 그러나 부모인 여러분이 잘못 행동했기 때문에 아이가 불평하고 항의를 한다고 여겨서는 안 됩니다. 미안한 마음과 양심의 가책은 문제 해결에 결코 도움이 되지 않아요.

아이를 야단치거나 윽박지르지 않으면서 아이에 대한 가르침을 확고히 밀고 나가는 여러분은 이미 훌륭한 부모예요. 스스로 자랑스러워할 만큼 당신은 다른 누구보다도 더 잘 해내고 있습니다. 세상에 완벽한 사람은 없습니다. 그런데 왜 다들 부모는 완벽해야 한다고 생각할까요? 날마다 최선을 다하고 있는데 말이에요. 여러분이 처한 상황에서 할 수 있는 만큼만 해내면 충분합니다. 그러다 보면 다음에는 더 수월하게 잘할 수 있습니다. 여러분에게 새로운 방식에 대해 배우려는 자세와 시도하려는 용기가 있다면 준비는 이미 다 끝난 거예요. 여러분은 모든 걸 긍정적으로 생각하게 될 거고, 마음은 한층 더 평화로워질 겁니다. 부모의 평온한 마음은 '아이를 올바르게 교육해야 한다'는 엄중한 부담감을 한결 가볍게 만들어 준답니다.

5

부모는 판사가 아닌
'중재자'!

여러 아이를 키우는 부모의 상황은 어떨까요? 두 형제 자매간에 갈등이 생겼을 때 부모는 어떻게 해야 할까요? 이때 여러분은 싸움을 말리고 평화를 되찾는 '분쟁 조정자' 역할을 맡아야 합니다. 그럼 우선 분쟁 조정자의 역할부터 짚어 볼게요.

'중재'는 말 그대로 사이를 조정한다는 뜻으로, 분쟁 조정자는 갈등과 관련 없는 제3자로서 양쪽의 의견을 조정하고 중재하게 됩니다. 앞서 말했듯 집안에서 아이들끼리 싸움이 나면 중재자는 자연스럽게 부모가 돼요. 이런 일상적인 분쟁에서 부모가 다음 몇 가지 기본 원칙을 익힌다면 집안의 평화수호자로서 톡톡한 역할을 해낼 수 있습니다.

분쟁 조정자 역할을 맡았다면

다툼을 벌인 두 아이를 두고 부모는 먼저 아래와 같은 전제 조건을 갖추어야 합니다.

1. 두 아이가 당신이 분쟁 조정자 역할을 하는 것을 받아들인다.
2. 어느 쪽이든 편을 들지 않고 중립적이어야 한다.
3. 양쪽의 말을 듣고 대화를 나누되, 그 내용에 평가나 판단을 해서는 절대 안 된다.
4. 아이들의 말과 감정을 진지하게 받아들여야 한다.
5. 동생이나 형·누나·언니·오빠라는 이유로 생기는 힘의 균형을 평등하게 유지해야 한다.
6. 무엇보다도 아이들이 스스로 갈등을 해결할 수 있도록 도와야 한다.

그리고 문제를 해결해 가는 방식이 중요해요. 먼저 대화의 과정이나 방식, 그리고 대화의 규칙에 대해 간략하게 설명하세요. "자, 지금부터 목소리 높이지 않고 천천히 말하기야. 중간에 말 끊기도 하면 안 되고, 욕이나 비꼬기도 금지!"라고 선언하는 겁니다. 물론 이런 규칙에 대해서도 "다들 그렇게 할 거야?"라고 아이들 모두의 동의를 구해야 합니다.

그런 다음 두 아이 모두에게 "엄마나 아빠가 어떻게 도와주면 될까?"라고 물어보세요. 이 질문을 동일하게 하면 두 사람의 이야기를 똑같이 들어 줄 거라고 아이들을 안심시킬 수 있습니다(2부 4장의 '슬기로운 싸움·다툼 중재법' 편을 참조하세요).

이제는 실제로 아이들의 이야기를 들을 차례예요. 무엇 때문에 싸우게 되었고, 또 어떻게 되었는지 순서를 정해 말하면 되는데, 이때 서로 먼저 말을 하겠다고 하면 제비뽑기로 순서를 정하면 됩니다. 말할 때는 양쪽 모두 대화의 규칙을 지키도록 주의를 주세요.

아이가 각자 자기 입장에서 싸움을 하게 된 이유와 과정을 말하고 나면 여러분은 아이가 말한 내용을 간단히 요약하면 됩니다. 이때 아이의 욕구, 의도 그리고 감정에 초점을 맞추세요. 아이가 한 말을 제대로 이해했는지 확신이 들지 않을 때는 이 내용이 맞는지 아이에게 되물으면 됩니다.

마지막 해결 단계에서는 두 아이가 스스로 싸움을 해결할 수 있는 방법을 찾도록 유도해야 합니다. 만일 여러분이 좋은 해결 방법을 하나 아이들에게 제안하더라도, 그것을 받아들일지 말지는 아이들 스스로 결정해야 해요. 또한 누군가 방법을 제시하면 다 함께 그 방법이 적절한지, 양쪽에게 공평하고 또한 현실적으로 가능한지를 꼼꼼히 따져 보세요.

두 아이가 함께 해결 방안을 찾아내고 마침내 동의하는 데까지 성공했다면 끝으로 '힘껏 안아 주기'와 같은 작은 평화조약을 실행해 보는 것도 좋은 방법입니다.

지금까지 아이들의 싸움에 부모가 개입한 적이 없었다면 가족 모두가 이 상황을 부담스러워할 수 있어요. 하지만 여러분이 중재자 역할로서 대화를 잘 이끌어 나가는 모습을 보여 주면, 이후에 생기는 다툼부터는 아이들이 먼저 여러분을 찾을 거예요. 만약 다자녀 가정이라면 맏이인 아이가 여러분 대신 그 역할을 수행할 수도 있답니다.

질문은 활짝 열린 문처럼

아이들 사이에서 조정자 역할을 하다 보면 마치 TV 토론 프로그램의 진행자가 된 기분이 듭니다. 실제로 프로그램 진행자들이 하는 것처럼 여러분도 아이들의 대화 속에서 분쟁에 대한 만족스러운 해결 방안을 찾기 위해 차례차례 번갈아 가며 질문을 해야 하죠. 이때 최대한 닫힌 질문을 피하는 것이 좋습니다.

'닫힌 질문'이란 "예", "아니오"로 답할 수 있는 질문이에요. "네가 동생 때렸니?" 같은 것이 바로 닫힌 질문입니다. 이런 질문으로 얻어 낼 수 있는 정보는 너무 적어서 해결 방향을 찾기가 어려워요. 무엇보다 닫힌 질문은 까딱하면 아이가 자신을 혼내는 것으로 받아들여 스스로를 방어해야 한다고 느낄 수 있습니다. 그럼 대화는 제자리를 빙빙 돌게 됩니다.

반면에 '열린 질문'은 일종의 주관식 질문으로, 영어에서 주로 'w'로 시작하는 의문사를 사용하게 됩니다. 다시 말해 누가who, 무엇을what, 언제when, 어디서where 같은 것들이죠. 부모는 이런 식으로 질문하면 돼요. "자, 누가 먼저 말할래?", "무슨 일이 있었어?", "그걸 언제 알아차렸어?", "그래서 기분이 어땠어?" 이렇게 열린 질문으로 물어보면 아이는 다툼이 시작된 계기를 자신의 시각에서 묘사할 수 있습니다.

그런데 한 가지 포인트가 있어요! 의문사가 들어간 열린 질문 중 '왜why'라는 질문은 가급적 줄이는 게 좋아요. '왜'라는 질문은 때로 "어째서 그랬니?"와 같이 비난이나 질책처럼 들리기 때문에 아이는 자신이 한 일은 정당하다며 상황을 설명하기보다 자신을 옹호하려 들 수 있습니다. 따라서 표현을 아주 조금만 돌려 "그렇게 하게 된 이유가 뭐야?"처럼 '왜why'를 물었으나 '무엇what'을 묻는 것처럼 느끼게끔 해 주세요.

다툼이 있을 때, 이렇게 아이들과 대화를 나누는 목적은 바로 '화해 방법을 찾기 위해서'예요. 이런 뚜렷한 목표가 있는 대화에서 열린 질문은 꽤 중요합니다. 부모는 질문을 통해 이미 정해진 해답("너희 빨리 화해해")을 제시하는 것이 아니라, 싸움을 끝내고 화해를 할 수 있는 방향으로 아이를 이끌 수 있습니다. 이를테면 "이야기 듣고 나니까 어땠어?", "이제 무엇을 하면 될까?", "다른 방법은 또 무엇이 있을까?"처럼 다음 단계를 자연스럽게 진행시켜 나가는 거예요.

비폭력 의사소통
- 기린의 언어

이런 모든 대화 과정에서 분쟁 조정자로서 대화를 진행시키는 와중에 여러분이 계속 신경 써야 할 점이 있습니다. 아이가 사전에 약속한 대화 규칙을 잘 지킬 수 있도록 체크하는 거예요. 물론 가장 이상적인 것은 언어적으로도 폭력이 없는 '비폭력 대화'가 평화롭게 진행되는 거랍니다.

비폭력 대화는 미국인 마샬 로젠버그^{Marshall Rosenberg}가 60년대 말 발전시킨 의사소통 방식입니다.[8] 이 방식에는 전혀 다른 말투를 가진 '늑대'와 '기린'이 등장해요.

늑대는 갈등을 조장하고 의사소통을 매우 어렵게 만드는 역할을 상징합니다. 늑대는 상대방을 비방하거나 상처를 줄 수 있는 너-전달법을 주로 사용하고, 상대방을 평가하고 심판하며, 또 남의 탓으로 책임을 전가하는 경향이 있어요. 늑대가 특히 자주 쓰는 전형적인 표현은 이렇습니다. "네가 내 색연필 또 가져갔지? 아, 완전 열받아! 내가 전에도 분명히 너한테 가져갈 때 내 허락 맡으라고 했잖아."

반면에 기린은 같은 상황에서 늑대와 정반대로 표현하고 반응합니다. "혹시 네가 내 색연필 가져갔어? 나 지금 색연필 필요한데 한참 찾느라 좀 화났어! 다음번에는 가져가기 전에 나한테 먼저 물어보고 가져가 줘, 제발!"

기린의 언어에는 어떤 특징이 있다는 게 느껴지시나요? 아래 총 4가지 요소가 비폭력적인 기린의 언어를 이룬답니다.

- 관찰: "네가 내 색연필을 네 방에 가져갔어?"
- → 벌어진 사건을 묘사할 때 상대에 대해 중립적인 언어를 사용한다.

- 감정(느낌): "그러느라(그것 때문에) 화났어."
- → 벌어진 사건으로 인해 생긴 자신의 감정을 짚는다.

- 욕구: "나 지금 색연필이 필요해서…"
- → 본인이 그런 감정을 갖게 된 배후에는 어떤 욕구가 있었는지를 말한다.

- 부탁: "다음번에는 …… 나한테 먼저 물어봐 줘!"
- → 이런 상황과 연관이 있는 요구사항을 구체적으로 부탁한다.

사실 어른조차 한 사건에 대해 본인의 시각에서 관찰한 내용을 중립적으로 묘사하기는 쉽지가 않습니다. 특히나 그 사건으로 인해 불쾌해졌는데, 자신이 느낀 감정과 욕구 그리고 앞으로의 희망사항을 공격적인 언어가 아닌 중립적으로 말하기란 결코 간단하지 않아요. 어른들에게도 어려운 일이 아이에게는 쉬울까요? 당연히 어렵죠! 그러니 먼저 아이와 함께 기린과 늑대의 언어를 연습해 보세요. 이 연습은 감정 절제가 어려운 어린 아이들에게는 확실히 무리이므로 적어도 7~8살은 되어야 가능합니다. 또한 아이와 연습하기 전에 먼저 부모 스스로 비폭력 대화법을 충분히 연습해서 완전히 습득해야, 이 규칙들을 아이에게 정확히 이해시키고 이후 분쟁을 제대로 중재할 수 있습니다.

비폭력 대화법을 연습할 때, 아이와 함께 갈등 상황을 임의로 설정해 두고 연극을 하는 것도 하나의 방법이에요. 인위적으로 만든 상황에서 '늑대와 기린이 어떻게 말할까?'를 두고 아이와 함께 곰곰이 생각해 보세요. 이때 손 인형을 사용하거나 아이와 번갈아 가며 늑대와 기린 역할 놀이를 하는 것도 좋습니다. 아이는 늑대와 기린 둘 중의 하나가 아닌 두 언어를 모두 다 익혀야 두 언어의 차이를 구별할 수 있고, 또 언쟁이 벌어진 상황에서 서로를 공정히 대하고 존중하는 법을 배울 수 있어요.

6

가족회의를 개최합니다

지금까지 가족 간 갈등을 원활하게 풀기 위해서 어떤 조치들을 사전에 취해야 하는지를 다루었습니다. 그러나 일상이 질서정연하게 유지되더라도 종종 의견 차이는 생기기 마련입니다. 특히 서로 다 함께 정했던 규칙이 시간이 지난 뒤에는 더 이상 필요 없게 될 수도 있어요. 또는 가족 중 누군가가 그 규칙이 자신에게만 불리하다고 느낄 수도 있고요. 이럴 경우 개인심리학자인 루돌프 드라이커스가 소개하는 '가족회의'를 열어 보는 건 어떨까요?[9] 가족회의라는 유용한 도구를 이용하면 취학 연령기의 아이들도 가족에 대해 책임지는 법뿐 아니라, 가족의 일을 함께 결정하면서 민주적으로 상호작용하는 법을 배우게 됩니다.

가족회의는 언제 하는 게 좋을까?

가족회의란 가족끼리 일정한 간격을 두고 함께 모여 주요 일정이나 이벤트 또는 문제들을 공지하듯 알리고 서로 정보를 교환하는 자리를 말합니다. 드라이커스는 일주일에 한 번, 날을 정해 항상 같은 시간에 가족회의를 소집하는 것이 좋다고 해요. 그러나 가족회의를 소집하는 시간적 간격은 이보다 더 넓어도 상관없습니다. 이를테면 격주로, 또는 심지어 한 달에 한 번도 괜찮아요.

드라이커스에 따르면 일반적으로 가족회의는 일정한 규칙들을 기반으로 진행하는 것이 좋아요. 그러나 이 규칙을 그대로 지킬 것인지 아니면 필요에 따라 바꾸거나 자신들만의 규칙을 만들 것인지는 각자 가정에서 결정하면 됩니다.

가족회의에 참여하기 위한 조건

가족회의에는 따로 최소 인원수가 정해져 있지 않아요. 그저 가족 모두가 참석하기만 하면 됩니다. 이를테면 아이가 한 명인 한 부모 가정의 경우 둘만 있으면 가능하죠. 물론 이런 경우에는 정해진 규칙이나 시간 약속 없이도 필요하면 언제든 중대사를 결정할 수 있기 때문에, 굳이 가족회의를 소집하는 것이 쓸데없는 일처럼 느껴질 수 있어요. 그러나 가족 구성원이 3명 이상일 경우에는 가족회의에 대한 일정이나 규칙을 정하는 것을 추천합니다.

이때 가족회의에 참여하기 위해서는 아이에게 가족회의의 안건을 이해하고 함께 결정을 내릴 수 있을 만큼의 판단 능력이 필요합니다. 그 조건만 갖춰진다면 회의에 참여하는 사람은 나이에 상관없이 모두 동등한 대우를 받아야 합니다. 따라서 가장 어린 자녀의 의견도 가장 나이가 많은 어른의 의견처럼 존중되어야 해요.

또한 어느 누구도 강제로 회의에 참여해서는 안 됩니다. 만일 가족회의에 참여하고 싶지 않다면, 당연히 회의를 건너뛸 수 있어요. 하지만 자신이 참석하지 않았을 때도 가족회의에서 내린 결정을 수용하고 따라야 합니다.

힌트

가족회의에서 다뤄야 할 주제들

원칙적으로 가족 전체와 가족의 일상생활에 해당되는 것이면 무엇이든 가족회의의 주제와 안건이 될 수 있습니다. 몇 가지 예를 들어 볼게요.

- 집에서 해야 할 의무: 집안일 가운데 누가 어떤 일을 해야 할까? 그리고 얼마나 자주 해야 할까? 하루에 또는 일주일에 몇 번?

- 생활비와 금전 문제: 자동차를 새로 사려면 생활비 중 어디에서 절약해야 할까? 알맞은 용돈은 얼마일까?

- 주말이나 휴가 계획: 이번 주말에는 가족과 함께할까? 다음 휴가는 어디로 갈까? 우리 모두 텔레비전과 컴퓨터 이용시간을 얼마만큼으로 정할까?

- 최근 다툼 문제: 요즘 빈번히 싸우게 되는 이유가 무엇 때문인지, 매일 아침 화장실 이용 순서나 취침시간을 방해하는 요인 등 갈등을 유발하는 원인이 무엇인지에 대해서 의견 나누기.

모든 회의는 규칙에 따라

우선 한 사람이 진행자 역할인 의장을 맡아 회의를 이끕니다. 의장은 가족들이 대화 규칙을 잘 지키고, 회의가 매끄럽게 진행될 수 있도록 주의를 기울이는 역할을 합니다. 또한 회의에 참석한 모두에게 발언 기회를 주고, 또 어느 누구도 다른 사람의 순서를 무시하고 끼어드는 일이 없도록 제재합니다. 하지만 의장조차 다른 사람에게 지시나 명령을 할 수 없어요.

의장은 꼭 부모일 필요는 없어요. 초등학교에 다니는 아이들이라면 대부분 이런 책임 있는 역할을 맡을 수 있습니다. 물론 초반에 어느 정도 도움이 필요하지만, 아이들은 익숙하게 의장 역할을 곧잘 해낸답니다.

그밖에도 가족회의는 그 진행이 명백해야 중구난방으로 빠지지 않기 때문에 회의마다 진행 순서를 정하는 것이 좋습니다. 또 결과를 확인할 수 있도록 회의록도 작성해야겠죠?

가족회의에서 내린 결정은 적어도 다음 회의까지 효력을 가집니다. 설령 회의에서 내린 결정을 얼마 동안 적용해 본 결과, 전혀 말도 안 된다는 것임이 확인되더라도 다음 회의까지는 지켜야 하는 거예요. 그리고 다음 회의 때 이를 폐지하고 다시 논의하는 방식입니다.

민주적이고 평등한 가족회의를 위해서

가족회의는 민주주의와 평등이라는 두 개념을 기본으로 하기 때문에 가족들은 모두 상대방을 존중해야 해요. 그러므로 가족회의 시간에는 서로에게 예의 바르게 행동하는 것이 기본자세입니다. 모두가 고르게 자신의 의견을 말하고, 또 서로 충분히 들을 가치가 있다고 받아들이는 연습이 필요합니다. 그 연습이 충분해지면 아이도 어른의 제안에 대해 당당히 찬성과 반대를 말할 수 있게 돼요. 그리고 가족회의에서는 항상 긍정적인 말투로 사안을 다뤄야 합니다. 즉 가족 가운데 누군가 실수한 일을 안건으로 언급해 잘못을 강조하지 말아야 해요.

결정은 만장일치일 때만

가족회의의 바탕이 민주주의 기본 원칙인 것은 맞지만, 딱 하나 다른 점이 있어요. 바로 가족 구성원 모두의 만장일치로 내린 결정만 효력이 있다는 것! '가족회의에서는 다수결에 따라 내린 결정은 잘 지켜지지 않는다'는 것을 우리는 이미 경험했기 때문에 이러한 규칙이 달린 거예요. 다수결에 따라 결정을 내릴 경우, 반대했던 소수는 대부분 졌다는 생각 때문에 그 결정을 지키지 않는 경향이 있으니까요.

이 말은 곧 가족 모두 동의할 수 있는 해결 방안을 찾아야 한다는 뜻입니다. 따라서 만장일치를 하지 못하면 모두가 동의할 때까지 그 문제를 참고 견뎌야 해요. 이 부분은 다소 답답하지만 확실한 장점이 있습니다. 불편함을 경험했기 때문이든, 번뜩이는 아이디어가 나왔기 때문이든 결국 언젠가 모두를 만족시킬 수 있는 해결 방안이 나오게 되기 때문입니다.

동등한 투표권이 갖는 중요성

가족회의를 진행할 때 모두가 동등한 권한이 있다는 느낌이 들어야 회의가 유명무실해지지 않습니다. 모든 민주주의 투표와 마찬가지로 한 사람의 투표권은 다른 사람의 투표권과 같은 힘이 있어야 합니다. 이를테면 어른의 투표권이 아이의 투표권보다 더 큰 권한이 있어서는 회의가 원만히 유지될 수 없어요.

'한 사람당 투표권은 하나이며, 모두 하나의 투표권을 갖는다'라는 원칙을 거듭 강조하지만, 유감스럽게도 현실에서는 전혀 다른 상황이 펼쳐지곤 합니다. 부모들 대부분은 가족회의를 여는 것을 아이가 무엇을 해야 하고, 어떻게 행동해야 하는지를 가르칠 수 있는 절호의 기회로 여기기 때문이에요. 이런 생각은 부모부터가 민주주의와 평등이라는 기본 원칙들을 깨트리는 겁니다.

반면 이 원칙들을 잘 지키게 되면 참여자 모두는 각자 더 많은 자기 발전을 할 수 있는 값진 기회를 얻게 돼요. 아이는 가족회의를 참여하면서 가족에 대한 책임을 갖고 대화법을 지키고, 또 함께 결정하는 것을 배웁니다. 부모는 부모대로 아이에게 스스로 할 수 있는 기회를 주고 집안에 대한 책임을 함께 나눌 수 있습니다. 아울러 가족회의 하나만으로 아이가 정해진 약속을 더 잘 지켜내는 놀라운 경험을 직접 느낄 수 있어요!

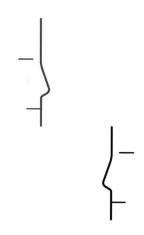

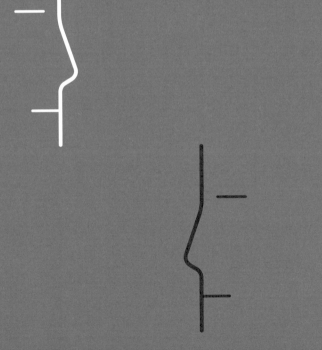

Part 2

일상생활 속 갈등을 해결하는 방법

1

"내 색연필 본 사람?"

– 독립 욕구와 함께 자라나는 투정

아이들은 점점 나이를 먹고 학년이 올라갈수록 독립적으로 행동하려 합니다. 부모로서 이런 변화는 대단히 반갑게 느껴져요. 하지만 이상한 점이 있습니다. 아이는 혼자 힘으로 할 수 있는 일과 어른의 도움을 받아야 하는 일을 '자기 기준으로' 판단한다는 거예요. 예를 들어 가정에서 매일같이 반복적으로 일어나는 일상적인 일들, 샤워를 하거나 옷을 갈아입는 것은 취학 아동이면 누구나 할 수 있죠. 그런데 아이는 자신이 할 수 있는 일과 없는 일을 스스로 판단하기 때문에 상황에 따라 갑자기 "나 이거 못하겠어요"라고 말합니다. 바로 이 점 때문에 부모는 일상생활에서 아이와 많은 애를 먹게 돼요. 주로 아이가 가볍게 할 수 있는 일상적인 의무들에서 문제가 발생하게 되는데, 그 이유는 아이도 처음에는 스스로 행동한다는 것을 매우 즐겁게 받아들였지만 시간이 지나면서 점점 이에 대한 흥미를 잃기 때문이에요.

아이의 갑작스러운 투정은 어찌 보면 부모에 대한 반항이나 단순한 변덕처럼 보일 수도 있습니다. 그래서 여러분은 그때그때 아이를 다그치며 바로잡으려고 했을 거예요. 다행히 아이의 잘못된 행동이 잘 고쳤을지도 모르겠습니다. 그런데 이런 상황이 하루에도 수십 번씩 벌어진다면 어떨까요? 또는 며칠 뒤에 아이가 다시 같은 행동을 반복한다면요? 아이도 여러분도 지쳐서 결국 기 싸움으로 번지고 말 테죠. 그런 결말을 피하려면 현명한 대처법이 필요합니다. 이 장에서 여러분은 일상에서 겪어 봤을 아이들의 다양한 투정에 대한 힌트를 얻을 수 있을 거예요.

지각이 습관이 된 것 같아요

9살 세원이는 상상력이 풍부하고 느긋한 성격의 아이예요. 아침밥을 다 먹기까지 엄청난 시간이 걸리죠. 세원이는 밥 한 숟갈을 몇 번이나 오물오물거리면서 자신만의 세계를 떠다니곤 해요. 제가 "세원아, 빨리 밥 먹어야지. 그러다 지각하겠어!"라며 딸을 재촉해 보았지만 소용없어요. 매번 이렇게 다그쳐도 결국에는 제가 자동차로 학교에 데려다 주어야 했습니다.

스스로 불러온 결과를 받아들이도록

아이가 스스로 행동한 결과를 경험하고 거기서 교훈을 얻게 해 보세요. 이미 1부 4장 '아이는 결과에서 보고 배운다'에서 언급했듯이 이 방법은 꽤 효과적입니다. 아이가 아침마다 늦장을 부리고 꾸물댈 때도 마찬가지죠. 이런 경우에는 문제를 해결하기 위해 '논리적 결과를 적용해 볼까?' 하는 생각을 떠올릴 필요조차 없습니다. 단지 느긋하게 아이가 행동하는 그대로 두면 돼요. 꾸물대며 늦장 부리면 아이는 결국 학교에 지각하게 될 테니 말이에요.

그런데 사실 부모들은 이런 결과가 벌어지도록 그냥 내버려 두지 못해요. 자기 아이가 지각하면 다른 학부모들이나 담임 선생님이 내가 아이를 제대로 지도하지 못한다고 생각하지 않을까 싶기 때문입니다. 아이에게 시간 지키는 법 하나도 가르치지 못한 부모가 될 수는 없는 거죠. 게다가 아이가 선생님에게 혼나거나 벌을 받지 않을까 하는 걱정도 한몫합니다. "안 돼, 내 아이를 벌받게 할 수는 없어!" 대부분 이런 생각에 부모는 울며 겨자 먹기 식으로 마지막 순간에 결국 아이의 흑기사 역할을 자처하게 됩니다.

동정심이나 죄책감은 때때로 걸림돌이 된다

이러한 부모의 마음은 충분히 이해하지만, 가차 없이 말하자면 여기서 그런 마음은 의미도 없고 도움도 되지 않다는 점을 밝히고 싶습니다. 아이의 행동을 변화시키고 싶다면 자신이 한 행동에서 벌어진 결과를 보고 스스로 배우게 내버려 둬야 합니다. 그렇지 않으면 아무것도 배울 수 없습니다. 이는 냉정하다거나 야박하다는 것과 전혀 상관이 없어요. 다시 말해 이렇게 한다고 해서 부모가 아이를 방치한 것이 아니라는 뜻입니다.

여러분의 아이가 이야기 속 세원이처럼 아침마다 꾸물대고 늦장을 부리는 경향이 있다면, 그때 아이보다도 여러분이 느끼는 여러 두려움을 잘 극복하는 것이 더 중요합니다. 잠시 잠깐 아이가 곤경에 처할 수는 있지만 그 상황은 오래가지 않을 거예요. 어쩌면 지금까지 그랬던 것처럼 정 급하면 여러분이 학교에 데려다줄 것이라고 아이는 여전히 기대하고 있을지도 몰라요. 따라서 제때 아이에게 지금부터는 상황이 달라질 거라고 정확하게 알려 줘야 합니다. "앞으로 혼자 시간 맞춰서 출발해야 해. 내일부터는 네가 학교에 늦어도 엄마/아빠가 안 데려다줘."

처음에는 아이가 여러분이 하는 말을 바로 받아들이지 않을 가능성이 높습니다. 그럼 아이는 결국 꾸물대다 학교에 늦을 거고 어쩌면 연속으로 며칠을 내리 지각하는 일이 생길 테죠. 그럴 때마다 여러분은 아이에게 미안하고 안타까운 마음이 들고, 성향에 따라 그 마음을 극복하기 힘들지도 모르겠습니다. 그러나 여러분이 말한 것을 스스로 지키는 것이 더욱 중요해요. 이렇게 되면 아이는 여러분의 말이 빈말이 아니라 진실이었음을 깨닫게 되고, 자신의 행동에 대해 책임지는 법을 자연스럽게 터득한답니다.

자기 물건을 스스로 챙기질 않아요

아침 8시 30분이 넘은 월요일. 11살 영주는 학교를 가야 할 시간인데도 아직 방에서 책상을 뒤지고 있었습니다. 한참 뒤 바깥을 향해 큰 소리로 외쳤죠.

"엄마, 내 수학 노트 어디다 뒀어?"

저도 정신없이 출근 준비를 하고 있었는데, 순간 확 짜증이 나더라고요. 지금까지 셀 수 없을 만큼 여러 번 '물건을 제때 그리고 미리 챙겨라'라고 말했었거든요. 그런데 제가 아무리 경고를 해도 귀담아듣지를 않는 모양이에요. 맘 같아서는 제대로 소리를 꽥 지르고 싶어요.

선 스트레스, 후 갈등

"세상에, 이게 뭔 난리야! 이렇게 난장판이니까 못 찾지. 네 물건은 네가 잘 챙겨야 한다고 도대체 내가 몇 번을 말해?" 어쩌면 영주의 엄마는 그 상황에 영주의 방으로 들어와 이렇게 말했을지도 모릅니다. 특히 치솟는 월요병 스트레스 때문에 제법 신경질적으로 말했다면 그다음 상황이 어떻게 되었을지는 쉽게 상상할 수 있죠. 아마도 영주는 더욱 안절부절못하게 되어, 엄마의 신경을 건드리는 다른 말까지 했을 수도 있어요. 그리고 결국 둘 다 화가 난 상태로 집을 나섰을 겁니다. 수학 노트의 행방은 여전히 오리무중인 상태로요.

스트레스 상황에서 화가 나는 건 매우 당연한 반응이지만 이 상황에서 당장 아이를 혼낸다고 도움이 되는 경우는 극히 드뭅니다. 따라서 정신없을 정도로 바빠서 화가 치밀어 오르더라도 일단 마음을 진정시켜야 해요. 마음의 소리가 새어 나오기 직전! 극적으로 눈을 감고 딱 3초만 견디세요. 우리의 목표는 아이가 자립하는 것, 다시 말해 시키지 않아도 알아서 척척 자기 일을 해내는 거라는 걸 기억하세요. 그렇다면 아이의 일에 개입하지 않는 게 좋습니다.

"내 수학 노트 어딨어?"라는 영주의 물음을 무조건 도와달라는 호소로 받아들일 필요는 없어요. 아예 그 방에 들어가지 않아도 됩니다. 그럼 "내가 이 바쁜 월요일에, 이제는 네 공책까지 찾아줘야겠니?" 같은 말로 상황을 더 악화시킬 일은 없을 거예요. 물론 아이가 찾는 것을 도와주면 안 되냐고 물을 수도 있습니다. 여러분이 아이를 도와줄 마음이 있거나 또는 도와줄 필요가 있다고 느낄 경우라면 모를까, 그 밖의 경우에는 아이의 물음에 아주 간단하게 '나는 못 봤어'라고 답하고 나머지는 아이에게 맡겨 보세요.

지레짐작으로 일반화하거나
비아냥거리지 말기

"네 방 좀 봐, 항상 엉망진창이잖아. 네 이런 점 때문에 항상 스트레스야!" 이렇게 일반화하는 말로 비난했다면 아이에게서 협조적인 태도를 바라기 어렵습니다. 왜냐하면 그 말로써 아이는 이미 '가망이 없는 아이'라고 낙인찍히게 되었기 때문이에요. 아이에게 이런 식으로 상처를 주게 되면 아이의 반항심만 자극하게 됩니다. 그러니 다음과 같이 여러분이 원하는 희망사항을, 무엇보다 구체적으로 말하는 것이 좋습니다. "이따 저녁에 내일 필요한 준비물들을 미리 챙겨 두는 게 좋겠어. 그러면 너도 나도 아침에 덜 바쁘지 않을까?"

아이를 가장 상처받게 하는 말 중의 하나는 부모가 흔히 내뱉는 비아냥거림이나 모욕이에요. 대개 부모는 문제의 원인이 어디서 있는지 유추하는 버릇이 있기 때문에 아이를 비아냥거리며 모욕을 하고 말아요. 아이가 하얗게 질려서 수학 노트를 찾는데 거기서 "너 수학 노트 찾고 있지? 또 아무데나 두고 잃어버렸니?"처럼 내뱉는 경우가 그렇습니다. 그런데 그것이 사실인지 아닌지는 알 수는 없어요. 아이의 얼굴 표정이 안 좋은 것은 단순히 당장 물건을 못 찾는 답답함일 수도 있고, 그날 몸 상태가 안 좋은 것일 수도 있으니까요. 따라서 추측하고 단정 짓지 말고 질문으로 표현하는 것을 추천합니다. "무슨 일 있어? 혹시 수학 노트를 찾고 있니?"라고 말이에요.

그것 봐, 내가 뭐랬어?

일단 사태를 그대로 내버려 두세요. 그리고 아이가 자신의 행동으로 벌어진 결과를 보고 그 결과에서 스스로 배우게 하세요. 말은 쉽지만 세원이나 영주의 경우에서 부모가 이렇게 행동하기란 결코 쉽지 않을 테죠.

하지만 정반대의 경우인 부모도 있습니다. 부모도 사람인지라, 어떤 분들은 얄미운 태도로 일관하는 아이가 마침내 그 행동 때문에 쓴맛을 보기를 내심 기다리기도 해요. 이런 부모들의 마음도 비슷한 맥락입니다. 수차례 경고를 했지만 아무 소용이 없다면 경험에서 배워야 한다고 생각한 겁니다. 그러나 이런 자세로 이 방법을 썼다면 부모의 뜻대로 잘 되지 않을 거예요. 왜냐하면 아이의 행동으로 인해 어떤 논리적 결과가 나오자마자 부모가 기다렸다는 듯이 '그것 봐, 내가 뭐랬어?'라는 분위기를 온몸으로 내뿜고 말 것이기 때문입니다. 그동안 부모가 무슨 생각으로 가만히 기다리고 있었는지, 또 그렇게 되기를 은근히 두고 봤다는 것을 아이는 단박에 알아차린답니다. 그럼 아이는 자신을 보고 고소해하는 부모가 승리감을 만끽하지 못하도록 일부러 아무렇지 않은 척하며 꾹 참게 돼요.

논리적 결과를 이렇게 잘못 사용하면 상황을 훨씬 더 악화시킬 수도 있어요. 아이는 부모가 자신의 감정을 전혀 존중하지 않고, 존중은커녕 오히려 자신을 곯려 주려고 했다는 사실에 반항심을 가득 키우게 된답니다. 그래서 이후에 비슷한 상황이 반복되었을 때 아이는 부모 앞에서 더욱더 고집을 부리게 됩니다. 안타까운 점은 그렇게 고집이 강해질수록 아이들은 누군가의 앞에서 실수하는 것을 두려워하게 된다는 거예요. 그러면 당연히 실수했을 때 느끼는 좌절감도 걷잡을 수 없이 커지기 마련입니다. 물론 자존감은 바닥으로 뚝뚝 떨어지겠죠.

그러므로 여러분이 애초에 하고자 했던 동기를 분명히, 그리고 솔직하게 인식할 필요가 있습니다. 당연한 결과나 논리적 결과를 목표로 세우지 말고 그 결과로 아이가 깨닫는 것을 목표로 삼아야 한다는 뜻입니다. 이거나 그거나 한 끗 차이 같지만 여러분의 비언어적 태도는 무척이나 달라질 거예요.

아침저녁으로 벌어지는 양치 전쟁

7살 재호는 양치질 문제로 매번 소동을 일으킵니다. 아침에는 귀찮아서, 저녁에는 피곤하다며 양치질을 하지 않으려고 해요. 저는 재호한테 이를 꼼꼼히 닦아야 하는 이유와 중요성을 설명해 보았지만 별 효과가 없었어요. 결국 충치가 생겼는데 아프지도 않은지 바뀌지를 않았더라고요. 어느 날, 참다못한 제가 고집 부리는 아이를 직접 욕실로 끌고 갔습니다. 그러자 재호는 욕실이 떠나가라 울기 시작했어요. 어쨌든 이 소동은 끝이 나긴 했습니다. 이를 닦지 않은 채 울면서 말이죠.

논리적 결과: 사탕이나 과자 금지

재호네 이야기처럼 샤워나 양치질 같은 위생 문제로 부모의 인내심을 시험하는 아이들이 제법 많습니다. 7살 아이가 규칙적으로, 그리고 스스로 양치질을 할 거라고 기대하기는 사실상 어렵습니다. 그러니 그 나이의 아이에게 양치질과 같은 위생 문제는 꼭 제대로 교육시켜야 하죠. 그런데 부모가 좋은 말로 설득하려고 할수록 아이는 더욱 완강하게 저항합니다.

이럴 때 어떻게 대처해야 할까요? 결과에서 배우도록 내버려 두어야 할까요? 이때 당연한 결과는 적절한 방법은 아닙니다. 그럼 아이의 치아에 충치가 생겨, 정말로 구멍이 날 때까지 내버려 두는 상황이 되기 때문입니다. 그럼 논리적 결과로 방향을 바꿔 보겠습니다. 바로 "이제부터는 아침저녁에 이를 닦지 않으면 사탕이나 과자 같은 단 것을 절대 먹을 수 없어. 왜냐면 양치질을 하지 않은 채 먹는 군것질은 충치 세균을 잔뜩 만들 테니까!" 하고 선포하는 거죠.

네가 선택해

대강 8살까지의 아이에게는 또 다른 해결 방안이 있습니다. 아이에게 두 가지 가능성을 주고 스스로 선택하게 하는 겁니다. "네가 직접 닦을래? 아니면 내가 닦아 줄까? 어떻게 하는 게 더 좋아?" 일종의 함정 질문이에요. 이렇게 하면 아이는 지금 부모와 협상을 하는 주제가 '이를 닦는 것이 아니라 이를 닦는 방법'이라고 이해하게 되거든요.

논리적 결과를 알리는 것이나 선택을 시키는 목적은 결국 같습니다. 다시 말해 강요하거나 압력을 가하지 않으면서 양치질의 필요성을 아이에게 알리는 겁니다. 이런 건강과 관련 있는 행동들은 아이가 의무적으로 행하거나 결국 스스로 마음먹고 해내야 하는 것임을 인지시켜야 아이의 행동이 바뀝니다.

꼬마 피아니스트의 열정에 기름 붓기

> 12살 혜정이는 언젠가 밴드에 들어가 키보드 연주를 하겠다고 합니다. 귀가 닳도록 조른 끝에 마침내 음악 학원에 등록까지 했어요. 피아노 수업은 일주일에 딱 한 번뿐이어서 시간이 있을 때마다 매일 규칙적으로 연습을 해야 했어요. 초반에는 연주 실력이 눈에 띄게 쑥쑥 늘었기 때문에 아이가 즐거워했어요. 하지만 느는 속도가 점점 줄고 성취감도 약해지자 악기에 대한 흥미도 점차 사라졌죠. 결국 혜정이는 악기 연습을 게을리하기 시작했습니다. 지켜보다 결국 한마디 했지만 먹히질 않더라고요. 지금까지도 통 연습을 하지 않으려고 합니다.

열정 부자로 만드는 주변 환경

어떤 분야에서든 열정만으로 꾸준한 연습량을 채우기란 쉽지 않죠. 악기 연습도 그렇습니다. 여기서는 아이의 내적 동기를 어느 정도로 유지하느냐가 싫증을 막을 수 있는 중요한 지점입니다.

특히나 어린 나이에 무언가를 계속하게 만드는 동기는 호응을 동반한 피드백을 받으면서 생깁니다. 즉 아이가 긍정적인 피드백을 받을 수 있어야 연주에 대한 동기가 자라나는 셈이에요. 당연한 얘기지만 피드백은 아이가 연주하는 것을 들어야만 줄 수 있습니다. 그런데 대개 피아노는 아이의 방에 놓여 있거나 학원에 있어 가족들의 생활공간과 떨어져 있어요. 외딴 공간에서 혼자 악기를 연습하다 보면 아이는 가족들에게서 동떨어진 느낌을 받을 거예요. 이러다 보면 꼬마 음악가의 악기에 대한 열정은 점점 사라질 수밖에 없어요.

이런 경우, 옮길 수 있는 악기라면 악기를 다른 장소를 옮겨서 문제를 해결할 수 있습니다. 아이가 악기를 연습하는 시간대에 맞춰 가족들이 함께 들을 수 있는 장소인 거실이나 부엌으로 악기를 옮겨 놓으세요. 그럼 아이는 연습과 일상을 잘 조합시킬 수 있습니다. 이를테면 엄마나 아빠가 저녁 식사를 준비하는 동안 아이는 정해진 시간대로 악기 연습을 하면 돼요. 가끔은 부모(와 형제)가 식사를 하려고 모두 식탁에 앉았을 때 가족들을 위해 음악 한 곡을 선택해 연주할 수도 있고요.

만약 악기를 옮기기 어렵다면 아이가 방에서 연습하는 동안, 가족들 중 한 명이라도 그 곁에서 책을 읽는 등 같이 일과를 보내는 모습을 보이세요. 학원에만 있는 경우라면 종종 함께 학원을 방문하거나 선생님께 아이의 연습 영상을 찍어 달라고 부탁하면 좋습니다. 그리고 집으로 돌아와 함께 영상을 보며 이야기를 나누는 것으로 아이의 개인적 활동과 가족의 일상은 연결될 거예요.

내적 동기를 이끌어 내자

사회 교육자이자 가족 상담가인 레오니 파른바허[Leonie Farnbacher] 와 소피 크릭코스[Sophie Krigkos][10]는 지속적인 동기는 다음에 달려 있다고 합니다.

"자신의 목표를 이루기 위해서는 내적 동기가 가장 중요합니다. 혜정이의 피아노에 대한 욕심은 내적 동기에 해당합니다. 따라서 아이가 정한 목표를 가족들과 함께 공유하고, 그 열정을 적극 지지해 주세요. 밴드 공연을 함께 관람하거나 아이가 좋아하는 음악에 대해서 이야기를 나누는 식으로요. 또, 다른 아이들과 실제로 함께 연주할 수 있는 기회를 찾아보는 것이 제일 좋습니다. 학교나 교회 등 집 근처에 어린이 합주 밴드가 있을 거예요."

학원비는 현실적인 문제니까

동기를 북돋워 준다고 해서 아이가 연습을 계속할지는 사실 장담하기 힘듭니다. 아이가 끈기 있게 어떤 학원을 다니기를 원한다면 아이와 목표 기간을 정하는 것도 방법이에요. 물론 음악 학원에서 제공하는 수업 커리큘럼이 어떻게 되느냐에 따라 다르겠지만 아이가 한번 결정한 취미, 즉 음악 학원을 최소한 6개월에서 길게는 1년 정도 꼬박꼬박 다니겠다는 약속을 받아 내는 겁니다.

그리고 아이가 일찍 흥미를 잃고 연습을 게을리하거나 거부한다면, 그로 인해 생긴 결과 역시 스스로 감당해야 한다고 이야기를 해 놓으세요. 연습을 게을리하면 아무런 소용이 없기 때문에 부모인 여러분은 학원비를 내줄 생각이 없으며, 더욱이 이를 위해 악기를 사기까지 했다면 그에 비례하도록 아이의 용돈을 조절할 것을 분명히 설명해야 합니다. 이 방침이 처벌처럼 느껴지지 않게 하려면 사전에 이렇게 할 것임을 아이와 합의하면 됩니다. 그럼 아이는 정해진 연습 시간에 연습을 할 것인지 아니면 자기 용돈을 희생할 것인지 고민하고 판단해 스스로 결정할 거예요.

갑자기 학원을 안 가려고 해요

9살 민지는 어린이 재즈 댄스 학원을 다니기로 했어요. 처음 1-2주까지만 해도 학원에 가는 것을 아주 좋아했습니다. 그래서 무료 강습 기간이 끝난 후에 별다른 얘기 없이 정규 과정을 등록했습니다. 그런데 갑자기 민지의 마음이 바뀐 거예요. 준비물 챙겨서 학원으로 데려다줄 준비를 다 했는데, 민지가 말했어요.

"나 거기 안 갈래요."

솔직히 당황했습니다. 프로모션 때 등록한지라 전액 환불이 어려운 곳이었거든요.

"뭐? 그렇게는 안 돼. 이미 학원 등록했어. 갑자기 관두는 건 안 된다고 했잖아. 네가 다니고 싶지 않으면 진즉에 말했어야지."

그러자 아이가 울기 시작했고, 방으로 달려가더니 꽝 하고 방문을 닫아 버렸죠. 놀라서 어리둥절했지만, 기분 내키는 대로 변덕을 부리는 딸에게 무척 화가 났습니다.

아이에게 분명히 어떤 문제가 있어!

아이가 지금까지 관심 갖던 어떤 일을 하루아침에 싫어하거나 흥미를 잃어버린다면 일시적인 변덕이 아닐 수 있습니다. 분명 어떤 문제가 있었을 가능성을 생각해야 해요. 그러므로 이런 경우에는 분노나 화를 일단 잠시 제쳐 두고, 대신 아이의 갑작스런 변심의 원인이 무엇인지 알아내는 것이 좋습니다.

먼저 이야기를 나누기로 마음을 먹었다면 시간이 없고 촉박하더라도 이때는 시계를 보지 마세요. 그날 학원에 늦거나 혹은 못 가는 한이 있더라도 시간을 신경 쓰지 말아야 합니다. 시간에 쫓기다 보면 아이와 대화를 전혀 할 수 없게 됩니다. 물론 대화의 진행 방향이 어떻게 될 것인지는 무엇보다도 대화의 물꼬를 튼 방식에 달려 있어요. 따라서 앞서 소개했던 "무슨 일인지 나한테 이야기해 줄래? 엄마가 들어 줄게"라며 의사소통의 문을 여는 것으로 시작하세요. 아이의 말을 주의 깊게 들을 자세를 잡고, 이야기를 꺼내기 좋은 환경을 제공해 주면 아이는 조심스럽게 무슨 일이 있었는지 털어놓을 거예요.

아이가 갑자기 학원에 가지 않겠다고 한 이유가, 예를 들면 지난 수업 때 다른 아이가 민지의 실력을 모두의 앞에서 지적한 것 때문이라고 해 볼게요. 이때 무엇보다도 아이의 감정을 고려해서 반응해 줘야 합니다. "그러니까 학원에서 누군가가 네 실력으로 너를 비웃을까 봐, 그게 싫은 거구나" 정도로 정리해 주며 아이가 말을 계속하도록 유도하되, 아이에게 해결책을 제시하지는 마세요. 그러고 싶은 마음이 굴뚝같겠지만 무조건 자제해야 할 때입니다. 말하고 있는 도중에 끼어들어 방해하지 않는다면 아이는 자신의 상황과 생각을 정리하는 과정에서 스스로 해결 방안을 찾을 수도 있으니까요. 아이가 해결 방안을 스스로 찾지 못하면 그때 도와주면 됩니다.

그러니 우선은 아이가 말을 마칠 수 있도록 기다린 다음, 여러분이 보기에 시급한 문제라고 여겨지는 것을 물어보세요. 보통 "그럼 앞으로 학원 수업을 어떻게 해야 할까?"겠죠?

문턱을 넘기만 해도 반은 성공

물론 아이가 단지 하기 싫다는 이유로 안 가려고 할 수도 있습니다. 이런 상태라면 "그래도 일단 같이 가 보자. 하고 싶지 않다면 내 옆에서 같이 보기만 해도 돼"라고 아이에게 명백히 말해주면서 단호하게 반응하세요. 이때 아이는 더 감정적으로 나올 수도 있습니다. 아이가 투정을 부리거나 짜증을 낸다고 여러분도 감정에 휩쓸려서 말싸움으로 번지지 않도록 주의를 기울여야 한답니다.

그냥 학원에 앉아만 있어도 된다, 구경만 해도 된다고 말하는 게 무슨 소용이 있겠는가 싶겠지만 경우에 따라서는 놀라운 결과가 생기기도 해요. 8살 한솔이네 부모처럼 말이에요.

"한솔이는 항상 단짝 친구들과 축구하는 걸 좋아했어요. 그래서 우린 아무런 걱정 없이 축구 클럽에 가입시켰죠. 처음에는 한솔이도 매우 열정적이었어요. 그런데 연습시합 때 자기가 보여 준 축구 실력이 기대했던 것만큼은 아니었던 거예요. 아이가 자기 축구 실력을 약간 과도하게 평가하기는 했거든요. 그날 이후로 축구에 대한 열정이 점점 줄어들었어요. 어느 날부터는 아예 축구 연습을 가지 않으려고 하더군요. 그래도 제가 꼬박꼬박 연습장에 데려다줬어요. 함께 축구를 하든지 아니면 그냥 벤치에 앉아 친구들이 축구하는 모습을 지켜보든지 알아서 하라고요.

처음에 한솔이는 벤치에 앉아 구경하는 것을 선택했어요. 그런데 오래가지는 못했습니다. 몇 분 정도 의자에 앉아 구경을 하더니 벌떡 일어나 운동장으로 달려갔어요. 코치가 그런 한솔이에게 엄지손가락을 추켜올리며 인사를 하자 축구하기 싫다던 마음이 모두 사라져 버린 것 같더라고요."

이런 결과를 조금 더 쉽게 이끌어 낼 수 있는 방법이 있습니다. 선생님께 상황을 대강 귀띔해 주는 거예요. 아이가 살짝 의기소침한 것 같으니 평소보다 반갑게 맞아 주실 수 있는지 미리 양해를 구하면 이런 상황에 익숙한 학원 선생님들이 비교적 쉽게 아이를 이끌 수 있어요.

2

"왜 항상 나만!"

– 의무와 책임감

"왜 항상 나만 청소시켜? 나 학교 갔다가 학원까지 갔다 왔어!"

"화장실 청소? 그걸 나 혼자 어떻게 해…."

집안일을 할 때 아이들에게 도와달라고 말하면 아이들은 재빨리 부모와 자기 사이에 이런 말들을 끼워 넣습니다. '난 학생인데? 난 아직 어린데?' 특히 학업량이 많아지는 나이일수록 부모들은 대부분 안타까운 마음이 앞서요. '그러게, 학교에, 학원에… 공부하느라 많이 힘들었을 텐데'라는 생각이 들어 아이에게 집안일을 시켜도 될지 고민하게 되곤 하죠.

톡 까놓고 말하자면 아이에게 그런 걸 시켜도 됩니다! 집안일은 매일 벌어지는 일상에서 꼭 가족 모두가 해야 할 일이기 때문이에요. 다시 말해 부모만이 아니라 아이도 해야 하는 의무입니다. 아이에게 집안일을 시켰다고 양심의 가책을 느끼거나 미안해하는 것은 아이에게도 부모에게도 좋지 않습니다. 가족인 이상 집안일을 함께 도와달라는 요구는 당당히 할 수 있어야 해요.

이 장에서는 어떻게 말해야 아이가 가족의 일원으로서 집안일에 대해 책임감을 가질 수 있는지를 다뤘습니다. 공동 공간인 거실과 주방을 청소하는 역할을 나누는 것부터 개인 공간인 자신의 방을 정리 정돈하도록 격려하는 법, 더 나아가 우리의 또 다른 가족인 반려동물에 대한 책임감을 나누는 것까지 담겨 있답니다.

귀찮기만 한 집안일

11살 재현이는 이번에도 집에서 해야 할 일을 하지 않고 피하는 데 성공했습니다. 제가 점심식사 후에 건조대에 있는 그릇들을 정리하라고 적어도 다섯 번은 말했는데 말이에요. 그때마다 재현이는 "알았어, 엄마. 좀만 있다가 할게"라고 자신 있게 말했지만, 대답만 할 뿐 계속 손가락도 까딱하지 않았어요. 무엇보다 지친 듯한 모습으로 소파에 축 늘어져 누워 있는 거예요. 마침내 그런 재현이의 모습을 본 제가 한숨을 쉬며 직접 그릇을 정리할 때까지도 아이는 움직이지 않았죠.

아이가 집안일을 돕는 것이 중요한 이유

이런 일이 여러 번 반복되자 재현이의 엄마는 더 이상 내버려두면 안 된다는 결심이 들었을 거예요. 집안일에 대해 진작 아들과 규칙을 정했어야 했는데 미처 하지 못한 게 패착이었다 싶지만, 지금이야말로 바로잡을 때예요!

아이가 규칙적으로 집안일을 돕는 것은 여러 이유에서 매우 중요합니다. 아이가 자신이 무엇인가를 함으로써 가족들의 삶에 도움이 된다는 것을 깨달으면 가족에 대한 소속감과 자기존중감이 높아지고, 책임감도 커지게 돼요. 게다가 매일 같은 시간에 규칙적으로 자신이 맡은 일을 하는 것만으로도 자연스럽게 자신의 시간을 운용하는 감각을 기를 수 있습니다.

집안일을 함께 하기에 앞서 아이가 맡을 일에 대해 다 같이 의논해 결정하세요. 이 사안은 가족회의에서 다루는 것이 가장 좋아요. 10대 초반 나이에 적합한 집안일로는 방마다 쓰레기통 비우기, 건조대 위 그릇 정리하기, 책상 위 닦기, 화분에 물 주기, 재활용 쓰레기 내다 버리기 등이 있습니다. 이 정도는 취학 연령기 아이들도 거뜬히 해내죠. 이때 아이에게 맡은 집안일을 성실히 해낼 것을 약속받고, 규칙을 어길 시 일어날 결과들도 함께 정해 두어야 합니다. 또한 집안일을 좀 더 수월하게 할 수 있도록 다른 가족들에 대한 규칙을 함께 세울 수도 있습니다. 예를 들어 아이가 재활용 쓰레기를 담당하게 되었을 경우, 다른 가족들은 적어도 분리배출을 제대로 미리 해 놓기로 약속하는 거예요.

여기서 중요한 점은 어떠한 경우에도 아이가 자신이 맡은 집안일을 했을 때 그에 대한 대가를 바래서는 안 된다는 겁니다. 부모인 여러분도 집안일을 한 대가로 돈을 받지 않지 않는다는 것을 상기시켜 주도록 합시다. 단 갑자기 발생한 비정기적인 일을 했을 때 아이에게 약간의 용돈을 주는 것은 괜찮아요.

아이에게 선택권을 줄 것!

아이에게 버거운 일을 맡기게 되면 결국 아이는 그 규칙 자체에 반발하게 됩니다. 그러니 아이가 할 수 있는 집안일 몇 가지를 제시하고 그중 아이가 하고 싶은 일을 고르도록 하세요. 여러분 아이가 집안일을 돕는 것 자체를 거부하지 않지만, 음식물 쓰레기 버리기나 화장실 청소는 싫어할 수 있어요. 하지만 신발장 청소나 아침식탁 차리기는 괜찮다고 하면 그걸 택하게 하면 됩니다. 자기가 하고 싶은 일을 스스로 정하면 어떤 일을 지정해서 맡겼을 때보다 더 성실하게 해냅니다.

즐거움 한 스푼 더하기

집안일은 아이가 어쩌다 한 번 도와주는 게 아니라 꾸준히 하는 것이 중요합니다. 그런데 엄마나 아빠가 스트레스를 잔뜩 받은 상태에서 화내는 목소리로 아이에게 집안일을 하라고 요구한다면 ("언제까지 엄마 아빠가 해 줘야 하니? 이제 너도 집안일 좀 해!") 집안일을 해야겠다는 생각이 들기는커녕 집안일을 한다는 것 자체가 처벌 성격을 띠게 됩니다.

집안일이 재미있다고 생각하는 사람은 아마 거의 없을 거예요. 그러나 함께 한다면 뜻밖에 기분 좋은 이벤트가 생길 수 있어요. 이를테면 10살 아들 호석이가 아빠와 함께 집안일을 하면서 있었던 경험처럼 말이에요.

"예전에는 아들에게 집안일을 시키니 놀거나 숙제할 시간을 뺏은 것 같아 마음에 걸렸어요. 그러다 호석이한테 실내화 세탁하는 법을 가르치기로 한 날이었어요. 함께 마주보고 앉아 실내화를 빨면서 조잘조잘 이야기를 나눴는데, 그 소소한 대화가 꽤 재밌는 거예요. 둘이서 순식간에 운동화까지 싹 다 해치웠어요. 그때 우리 둘 다 굉장히 기분이 좋았어요. 그래서 다음에도 신발 빨래는 항상 같이 하기로 약속했습니다. 그리고 일요일 점심에는 간단한 요리를 아들과 함께 준비하는데 호석이가 전날부터 같이 요리할 주말을 기다리더라고요.

이제는 집안일을 아이와 함께 하는 시간이 오히려 아이에게도 매우 값진 선물이라는 것을 알기 때문에 지금은 미안한 마음이 전혀 없어요. 아이와 나누는 대화가 더 많아졌거든요."

게으름을 키우지 말자

"엄마가 좀 해 줘. 나 너무 피곤해." 아이가 이렇게 말하는 경우가 종종 있어요. 아이가 집안일을 꺼려한다면 하기 어려워서도 아니고, 또 능력 밖의 일이라서도 아니라 어른과 마찬가지로 귀찮음과 게으름 때문일 때가 많습니다. 아이가 이렇게 부탁을 하거나 요구를 하면 단호히 거절하세요. 아이가 게으름 피우는 것을 부모가 도와주지 말아야 합니다.

정말 냉장고에서 주스 한 병 가져오지도 못할 만큼 피곤할까요? 그럼 아이는 주스 대신 눈앞에 물로 만족해야죠. 아침마다 침대에서 꾸물거릴 시간은 많으면서 책가방 싸는 것을 못 한다고요? 그렇다면 준비물을 빠트려도 억울하지 않아야 합니다. 이처럼 자신이 한 행동의 결과를 스스로 반복해서 경험하면 아이는 책임 있게 행동하는 법을 빨리 배우게 됩니다.

반려동물 돌보는 일은 누가?

9살이 된 현진이는 예전부터 생일을 맞아 꼭 고양이를 입양하고 싶다고 말해 왔어요. 자기가 직접 그 친구를 돌보겠다고 단단히 약속을 했습니다. 실제로 한 달은 아주 정성껏 돌보았어요. 하지만 요즘 들어 그 일에 점점 소홀해지는 눈치예요. 매일매일 비워야 하는 화장실도 은근슬쩍 넘기기 일쑤입니다. 심지어 사료를 주는 것도 여러 번 말을 해야만 겨우 합니다. 이러다간 머지않아 고양이 돌보는 일을 몽땅 저희가 하게 생겼어요.

반려동물을 허락해도 될까?

현진이네 부모가 한 추측은 높은 확률로 맞아 떨어질 거예요. 어린 시절 반려동물을 키워 봤다면 아이 혼자서 반려동물을 책임지고 돌볼 수 없다는 것을 잘 알 겁니다. 동물을 돌보기에 9살은 아직 어린 나이입니다. 반려동물을 처음 집에 데려올 때는 다 자기가 돌보겠다고 맹세하겠지만, 아이가 정말로 그 약속을 지킬 것이라고 기대하기 어렵죠. 게다가 아이들의 관심이나 흥미는 자주 바뀌기까지 하니까요.

그러나 아이가 반려동물을 기르는 걸 긍정적으로 검토할 이유가 몇 가지 있습니다. 작은 동반자인 반려동물은 아이의 발달에 매우 긍정적인 효과가 있습니다. 집에 반려동물을 들인다는 것은 아이의 입장에서 또 다른 동생이 생긴다는 뜻이에요. 하지만 동생과 달리 반려동물은 자신의 요구로 생긴 존재라는 점에서 아이는 주인의식과 책임감을 느끼게 돼요. 그리고 동물을 실제로 돌보며 감정 이입 능력과 공감 능력도 함께 자라납니다.

무엇보다 아이와 동물은 서로에게 좋은 친구가 되어 줍니다. 많은 아이들이 반려동물에게 자기가 겪은 일과 비밀을 털어놓고, 때로 근심과 걱정이 있으면 위로를 받기도 해요.

그러니 동물을 기르고 싶어 하는 아이의 바람을 들어주는 것도 나쁘지 않아요. 물론 한 생명을 평생 책임져야 하는 일인 만큼 현실적인 부분을 매우 신중히 따져야 하죠. 경제적 상황과 더불어, 훗날 상황에 따라 반려동물 보살피는 일을 부모인 여러분이 떠맡을 준비가 되었는지도 고려해야 한다는 뜻입니다.

역할을 나누었어도 책임감은 그대로

기껏 사랑스러운 반려동물을 식구로 맞았는데 아니나 다를까, 아이의 흥미가 순식간에 사라져 버렸네요. 결국 부모도 함께 돌보기에 동참하게 되었습니다. 그런데 이렇다고 해서 반려동물에 대한 아이의 책임이 완전히 없어졌다는 것은 아닙니다. 따라서 아이에게 이 사실을 명백히 해야 할 필요가 있습니다. 각자 자기에게 주어진 일을 정확히 해야 한다는 사실과, 그 일을 소홀히 하면 온 가족이 조금씩 더 힘들어진다는 사실도 아이에게 인지시켜야 합니다.

우선 앞으로 반려동물을 어떻게 돌보고 그 일을 어떻게 나눌지에 대해 아이와 함께 꼼꼼히 구분해 정리해 보는 시간을 가지세요. 먹이와 물을 갈아 주는 일, 화장실(또는 우리) 청소, 사료 구매하기, 동물병원으로 정기 검진 데려가기 등 실제로 반려동물과 살면서 생길 상황을 미리 주간 계획표로 정리해 누가 할지를 결정하면 편합니다. 아이에게 자기 나이에 맞는 적당한 일을 책임지고 충실히 수행해야 할 것을 강조하며 상의해 보세요.

다른 규칙들과 마찬가지로 각자 맡은 일을 지키지 않을 경우 논리적 결과가 따를 것임을 서로 약속해야 합니다. 예를 들어 아이에게 먼저 자신이 해야 할 일을 다 마친 후에 친구와 만나러 갈 수 있다고 약속을 받아야 합니다. 그리고 만일 소홀히 했을 때 또는 여러분이나 누군가가 대신 일을 해야만 했을 경우, 아이의 용돈을 줄이는 방법으로 보상을 치르게 할 수도 있습니다.

연령에 따라 동물을 정하자

모든 동물이 아이의 친구로 적합한 것은 아니에요. 각각 나이에 따라 동물을 보살필 수 있는 능력이 다르므로 반려동물을 선택할 때는 다음과 같은 사실을 고려할 것을 권장합니다.

6살~11살 아이에게는 특히 쥐, 햄스터, 기니피그나 토끼 같은 작은 설치류나 카나리아와 앵무새 등이 실제로 돌보기에 적당합니다. 이 연령대의 아이는 동물에게 먹이나 물을 규칙적으로 줄 수 있고, 우리나 새장 청소를 혼자서는 못해도 청소를 도울 수는 있습니다.

11살 이상인 아이는 대체로 혼자서도 고양이나 개를 보살필 수 있죠. 예를 들어 규칙적으로 먹이를 주거나 고양이 화장실을 청소할 수도 있으며 품종에 따라서 하루에 한 번 정도는 직접 개를 데리고 산책을 나갈 수도 있습니다.

엉망인 아이의 방

8살 혜진이는 엉망진창인 카오스를 좋아하는 것 같아요. 혜진이의 방은 한바탕 치열한 소동이 벌어진 전쟁터와 비슷합니다. 언제나 벗어 놓은 옷 무덤, 장난감, 학용품들이 뒤섞여 여기저기 널브러져 있어요. 치우라고 경고를 했지만 공허한 메아리일 뿐이었지요. 더 이상 참을 수 없는 한계에 다다른 아빠가 어느 날 혜진이에게 "지금 당장 네 방 청소해!"라고 지시를 내렸습니다.

"방이 이렇게 엉망진창인 걸 더 이상 두고 볼 수 없어!"

그러나 혜진이는 전혀 개의치 않고 이렇게 대답했습니다.

"문 닫으면 안 보이잖아요!"

내 방은 내 것

혜진이는 이렇게 말하면서 아버지에게 다음과 같은 사실을 이해시키려 하는 거예요. "이 방은 제 방이잖아요. 방 꼴이 어떻든 이건 내 공간이에요!"

물론 아이의 이런 생각을 어느 정도 인정할 필요는 있습니다. 취학 연령기 아이들은 점차 자기 물건에 대한 책임 능력이 생기기 때문에 '내 물건'에 대한 애착을 보이고 혼돈처럼 보이는 방일지라도 '내 공간'에서 자신만의 질서를 가지고 있어요. 하지만 당연히 정리 정돈을 하는 것이 위생이나 공간 활용 면에서 훨씬 경제적이니, 아이의 방이 너무 무질서할 경우에는 부모의 개입이 필요합니다. 물건을 질서 있게 수납·정리하는 법은 의외로 부모가 옆에서 가르쳐 줘야 하는 문제예요.

그러므로 어떤 형태의 방이 가장 이상적인지 아이와 이야기를 나누고 언제 어떻게 정리할지 약속을 하세요. 예를 들어 이렇게 규칙을 정하는 거예요. 매일 밤 잠자기 전에 책상과 책꽂이 정리 정돈을 하고, 일주일에 한 번은 방바닥까지 제대로 청소하기. 이때 아이가 매일 해야 하는 청소 루틴은 혼자 하도록 내버려 두세요. 그러나 일주일에 한 번 하는 대청소는 조금 도와주는 것도 좋습니다.

청소를 마치 게임하듯이!

이렇게 해도 아이가 청소하고 싶은 생각이 전혀 들지 않을 땐 어떻게 해야 할까요? 청소하라고 끊임없이 말로 경고할 때, 같은 말이 거듭될수록 부모는 결국 신경질적인 목소리로 명령하게 될 거고, 그럴수록 아이는 더욱 거칠게 반항하는 방향으로 흘러가게 될 거예요.

따라서 스포츠 경기나 게임처럼 아이의 승부욕과 성취욕을 자극해 보는 것도 효과적인 방법입니다. 아이가 자신의 방을 정돈할 때 다음과 같이 해 보세요. 알람시계를 사용해 일정한 시간을 정해 두고 아이가 그 안에 청소를 마치게 하는 것! 이때 청소 시간을 대략 5분에서 10분 정도로 맞추세요. 시간을 초과하거나 일을 제대로 끝내지 못했을 경우에는 시간을 조금만 더 늘리면서 청소 시간을 조율하면 됩니다. 여기에 아이와 사전에 약속할 때 논리적 결과까지 이용한다면 아주 이상적이에요. 때로 알람시계 대신 아이가 좋아하는 노래를 이용해서 일을 마쳐야 할 시간을 알려 주는 것도 아이의 흥미를 더 유발할 수 있어요. 아이가 좋아하는 음악 2~3곡을 함께 고르고 그 노래가 나오는 동안 청소를 마쳐야 한다고 약속을 하는 거예요.

중요   아이를 제대로 칭찬하기

아이가 맡은 일을 해내면 반드시 그에 걸맞은 칭찬을 해야 하는데, 아이의 성과를 인정하는 데 어울리는 칭찬이어야 합니다. 아주 사소한 결과를 두고 "아주 멋져!", "정말 근사해!"라고 남발하거나 너무 과장하라는 건 아니에요. 대부분 아이들은 자신이 얼마만큼 일을 할 수 있고, 또 그 결과가 얼마만큼 좋은지 나쁜지를 잘 알고 있기 때문입니다. 부모가 너무 과하게 칭찬을 하면 부모가 자신에 대한 기대가 전혀 없구나, 나를 저평가하는구나 생각할 수 있어요.

반대로 아이가 해야 할 일을 100% 완성하지는 못했지만 성실히 노력했다면 당연히 칭찬을 해야 합니다. 이때 주의해야 할 점은 목적을 이루기 위해 칭찬을 수단으로 이용해서는 안 된다는 거예요. "네가 일을 벌써 다 했구나, 아주 잘했어! 그럼 이제 레고를 다 모아서 상자에다 넣어. 책은 책꽂이에 꽂고. 그러면 너는 방 청소를 완전 정복한 챔피언이 되는 거야!" 이런 술책은 처음에는 통할 수 있지만 머지않아 아이는 이런 말을 하는 의도를 알아차립니다. 그리고 일을 해내려는 자신의 노력을 제대로 인지하지 않고, 그다음만을 위해 하는 말이라는 사실에 크게 의지가 꺾일 우려가 있어요. 따라서 목적을 위한 칭찬은 하지 마세요.

대신 나-전달법을 이용해 다음과 같이 말하는 게 오히려 아이에게 동기를 부여할 수 있습니다. "정말로 열심히 했구나. 나는 네 그런 점이 참 좋아" 또는 "책들을 새로 정리했구나. 내 맘에 쏙 들어!"

많은 노력을 했는데 아무런 칭찬을 받지 못하고 심지어 노력을 했다는 것조차 아무도 알아주지 않을 때, 얼마나 실망하고 좌절감을 느꼈는지 누구나 한 번 쯤은 경험했을 테죠. 따라서 부모인 우리는 '내가 말하지 않아도 아이가 내 마음을 잘 알 거야'라고 당연히 여겨서는 안 됩니다.

방 청소를 도와주려면

매주 한 번 대청소를 하는 일은 매일 조금씩 정리 정돈하는 것보다 훨씬 더 번잡하고 어려운 일이에요. 따라서 이때 알람이나 음악을 트는 것 말고도 다음과 같은 방법을 이용해서 아이를 도울 수 있어요.

우선 아이를 도와주겠다고 하는 거예요. 하지만 처음부터 아이와 함께 일을 시작해서는 안 됩니다. 처음부터 같이 하다가는 도중에 아이가 슬그머니 하던 일을 멈추거나 아예 사라질 수 있거든요. 여러분은 집중해서 치우느라 그런 사실조차 알아채지 못할 수도 있고요. 따라서 조금 뒤에 도와주겠다고 말하는 것이 좋습니다. "엄마(아빠) 지금 일하고 있거든? 네가 절반 정도 청소했으면 그때 내가 도와줄게." 약속한 시간이 되면 아이 방으로 와서 상황을 살펴보세요. 만약 아이가 방 청소를 절반도 하지 못했다면, 방에서 다시 나가는 거예요. 그리고 나중에 다시 아이 방으로 되돌아오면 됩니다.

만일 아이가 마지못해 청소를 하거나 하긴 했는데 만족스럽지 않으면, 다른 방법을 시도해 볼 수 있습니다. 이를테면 청소를 한 후에도 여전히 바닥에 놓여 있는 물건들을 모두 한 곳으로 모으세요. 그리고는 그 물건들을 일주일 동안 아예 쓰지 못하도록 다른 곳에 옮겨 두는 것입니다. 이 시간 동안 아이는 그 물건들이 매우 아쉽겠지만 사용할 수 없어야 합니다. 물론 이 방법은 사전에 함께 약속을 해야 하며, 처벌 조치로 느껴지게 혼내는 어투로 진행되면 안 됩니다.

조언　　　　　　　　　　적당한 시간 간격 찾기

앞에서 등장했던 사회 교육자이자 가정상담가인 레오니 파른바허와 소피 크릭코스는 매일 청소와 주간 청소에 대해 다음과 같은 대안을 제안했습니다.

"집에서 쾌적함을 느낄 수 있으려면 얼마나 자주 청소를 해야 하는지 곰곰이 생각해 보세요. 아이의 방도 이 시간 간격에 따라 청소를 해야 합니다. 방 청소를 하는 데 필요한 간격에 대해 아이와 이야기를 나누고 합의를 해 보세요. '…까지 바닥을 치우고, 방을 정리해야 해. 그래야만 본격적으로 청소를 시작할 수 있어.'

이때는 물론 아이의 발달 상태를 고려해야 합니다. 경우에 따라서 부모인 여러분이 아이에게 어디를 어떻게 청소하는지 보여 주며 지도하거나 때로는 도와야 해요. 안방 또는 공동 공간이 좋은 본보기가 될 수 있어요. 다만 여러분만큼 또는 여러분보다 아이가 더 청소를 잘해야 한다는 요구나 기대는 금물!"

3

"엄마 아빠는 정말로 나빴어!"

− 분노, 하소연, 거짓말, 도발

　부모를 어찌할 바 모르게 만드는 아이의 행동 중 하나는 감정의 평화를 망치는 방해 공작입니다. 이 방면에서 아이들은 정말이지 우리 아이가 이렇게 천재적이었나 싶을 정도로 온갖 수단들을 다 동원합니다. 불평하고, 반박하고, 조롱하며 비꼬고, 거짓말하고, 모두의 기분을 순식간에 나쁘게 만들고, 온몸으로 분노를 표출하기도 합니다. 특히 많은 사람들이 보는 앞에서 아이가 이러한 행동을 보이면 부모는 정말로 난감하기가 이를 데 없어요. 아이의 이런 행동을 저지하려면 많은 인내와 요령이 필요해요. 함께 살펴볼까요?

비꼬고 도발하기 달인들

잠을 자야 할 시간입니다. 9살 현수의 방은 벌써 불이 꺼져 있습니다. 우리 부부는 거실에 앉아 범죄 수사 드라마를 보고 있었죠. 그런데 부엌에서 무슨 소리가 들리는 거예요. 저는 무슨 일인가 살피러 갔어요. 그때 마침 현수가 부엌 선반에서 감자칩을 한 봉지 꺼내려다가 들키고 말았습니다. 그래서 말했어요.

"안 돼, 양치질을 한 후에는 먹지 않기로 했잖아."

"아, 먹고 다시 양치질을 하면 상관없잖아요."

"그건 아니지! 현수야, 엄마 말 듣자. 다시 그대로 넣어 놔!"

그러자 현수가 제 말을 비꼬듯 따라 하며 흉내를 내는 거예요!

"그건 아니지~ 엄마 말 듣자~"

"너 지금 내 말을 제대로 안 듣는구나!"

금지해야 하나? 아니면 허락해야 하나?

밤에 양치질을 한 후에는 아무것도 먹어서는 안 됩니다. 양치를 한 효과가 없어지니까요. 대부분 아이들은 이 규칙을 지켜야 한다고 배웠을 거예요. 현수도 물론이고요. 그러나 한밤중 군것질 유혹은 아이에게도 어른에게도 어마어마합니다. 문제는 아이들이 군것질을 한 후에 다시 제대로 양치를 안 할 거라는 점이에요.

그래서 엄마는 결정을 내려야 합니다. '억지로라도 감자칩을 뺏어야 할까? 원 위치로 되돌려 놓게 할까?' 감자칩을 빼앗는 일은 별로 좋지 않은 선택이에요. 과자를 빼앗는 것은 금지나 다름없다는 것을 엄마도 잘 압니다. 아이의 협조적인 태도를 구하려는 마당에 금지는 화만 돋울 거예요. 금지를 했다가는, 즉 감자칩을 빼앗았다가는 정반대의 결과를 초래할 게 뻔합니다. 분명 아이가 욱해서 반항하고 자칫하다가 기 싸움이 진행되고 말 테죠.

그렇다면 이제 감자칩을 어떻게 할 것인지 아이의 손에 맡기는 방법밖에 없어요. 이 상황에서 부모가 취할 행동을 결정할 변수는 두 가지입니다. 아이가 충분히 이성적이기 때문에 감자칩을 먹고 나서 다시 양치질을 할 거라고 엄마가 딸을 믿을지, 아니면 통제가 필요하다고 여길지. 만일 전자라면 아이에게 이렇게 하라고 권할 수 있어요. "좋아. 그럼 감자칩을 가지고 가. 조금 있다가 네 방으로 가서 네가 양치질을 했는지 확인할 거야." 어쩌면 현수의 경우에는 아이에게 책임을 맡기는 것이 더 좋을지도 모릅니다. 왜냐하면 자기에게 책임을 맡긴다는 말에서 아이는 엄마가 나를 다 컸다고 인정하고 동등하게 다뤘다고 느낄 테니까요.

절대 토론을 시작하지 말기!

현수의 행동 가운데 엄마가 한 말을 비꼬듯 흉내 내는 것은 엄마의 화를 부추기려고 일부러 도발하는 거예요. 이럴 때 아이를 꾸짖고 싶은 마음이 굴뚝같죠. 하지만 아이를 꾸짖지 않도록 인내심을 발휘하세요. 아이는 넘지 말아야 할 경계가 어디까지인지, 또 부모가 과연 어디까지 참을 수 있는지를 매번 시험하고 싶어 합니다. 애초에 아이의 이러한 도발에 휘말리지 말아야 해요. 아이와의 논쟁이나 말싸움이 기 싸움으로 번지기 전에 적당한 시점에서 한 발 물러나세요. 만일 1-2-3 방법을 익숙하게 다룰 수 있다면,(1부 3장의 '숫자를 세면 그만 해야 해! – 하나, 둘, 셋!' 편을 참고하세요!) 그게 가장 효과적일 겁니다.

갈등은 대부분 아이가 당신의 뜻을 따르지 않고 항상 반항하면서 생겨요. 아이들은 학교에 갈 시기에 다가갈수록 성장과 발달 단계에서 유독 심하게 반항적 태도를 보이기도 합니다. 만일 이런 상황을 완화시킬 마땅한 방법을 초반에 찾지 못하면 아이와의 분위기는 서서히, 그러나 끊임없이 부정적인 방향으로 흐르게 됩니다. 그러니 아이와 냉전이 계속된다면 적절한 시점에 '긴장감을 깨트려'야 해요.

한판 거하게 싸운 후 어색하고 서먹한 분위기를 게임으로 깨트린 10살 은후네 이야기를 함께 볼까요?

"은후와 저 사이에 생긴 냉랭한 분위기가 일주일 가까이 이어지자, 저는 이걸 어떻게 해서든 풀어야겠다고 생각했어요. 그래서 우리 둘은 '몸으로 해결'했지요. 아이가 평소 즐겨하는 레이싱 게임을 딱 3판 정도 진지하게 했어요. 저도 아이도 게임을 하면서 터져 나오는 거친 함성을 막지 않고 그대로 내뱉었죠. 간신히 제가 한 판 이겼을 때 저는 벌떡 일어나서 만세까지 했어요.

이 방법이 우리 둘에게 상당히 잘 맞았던 것 같아요. 뭐랄까, 접시를 벽에 던져 시원하게 깨 버린 느낌이었거든요! 물론 이미 게임을 시작했을 때 어느 정도 서로 화가 가라앉은 상황이었어요. 아직도 화가 풀리지 않았다면 이런 실험을 감히 하지 않았을 거예요."

식사 시간마다 난리 법석

　　9살 세정이와 7살 세령이는 식사 시간마다 가족들의 기분을 망쳐 놓곤 합니다. 세령이는 손가락으로 음식을 뒤적여 먹고 싶은 것만 골라 먹곤 해요. 스파게티 같은 음식을 마치 핑거 푸드로 여깁니다. 언니인 세정이는 미식가처럼 까다롭게 굴더니 이제는 까칠한 여왕님 수준에 이르렀어요. 애써 만든 요리를 먹지도 않고 접시를 도로 밀어내면서 구역질 난다는 얼굴 표정으로 이렇게 말하곤 합니다. "정말 이거 말곤 먹을 게 없어요?"

어긋난 식사 예절

　　어릴 때부터 아이들에게 조금씩 식사 예절을 가르쳐 놓아야 해요. 식사 예절을 익히는 과정은 수년이 걸리기도 하거든요. 따라서 늦어도 취학 연령에 이르기 전에 기본적인 매너를 익힐 수 있도록 부모는 아이에게 직접 방법을 보여 주거나 설명해야 합니다. 식사는 숟가락과 젓가락으로 먹고 흘렸을 때 옷으로 닦지 말아야 한다거나, 먹을 때 쩝쩝거리거나 후루룩 소리를 크게 내지 말고 입속에 음식을 가득 넣은 채 말해서는 안 된다 같은 것들이죠. 그러나 어떤 아이들은 부모가 수천 번을 말해도 식사 예절을 익히는 게 어려운 듯 보이기도 합니다.

그렇다면 가르칠 때 말투와 분위기도 한번 점검해야 해요. 아이에게 적절한 식사 예절을 가르치려는 좋은 의도로 말했더라도, 아이의 잘못된 식사 예법을 지적하며 가르치면 아이는 여느 때와 같은 잔소리로 받아들여 역효과가 나타나곤 합니다. 까딱하면 나쁜 식사 예절이 아예 굳어질 우려가 있어요. 앞서 말했듯 부모가 가장 많은 관심을 보이며 자주 입에 올리는 행동일수록 아이의 행동은 쉽게 고착되거나 강화되기 때문입니다.

중요

분홍색 코끼리를 떠올리지 마세요!

"또 그러네. 그것 좀 그만해!" 부모들이 아주 자주 쓰는 말이에요. 하지만 유감스럽게도 이 말은 도움이 되지 않아요. 아이의 관심을 '하지 말아야 할 행동' 쪽으로 돌리는 것은 현명한 방법이 아닙니다. 이런 말은 오히려 그 행동을 한 번 더 떠올리게 만들고 하고 싶은 욕구를 불러일으키거든요.

이걸 증명하는 한 가지 유명한 문장이 있어요. "분홍색 코끼리를 떠올리지 마세요!" 이 문장을 읽었을 때 무슨 생각을 했나요? 분명 분홍색 코끼리를 떠올렸을 거예요, 그렇죠?

따라서 아이가 식사 중에 잘못된 행동을 보이면 바로 일장연설을 하지 않는 게 좋아요. 아이의 나쁜 식사 예절에 주의를 집중시키지 말고 아이가 배워야 할 좋은 식사 예절로 시선을 돌리게 하세요. 잘못된 점을 지적하지 말고 대신 당신이 바라는 아이의 행동이 무엇인지를 말 속에 담는 겁니다. 이를테면 "음식을 입안에 가득 넣은 채 말하지 마라!"라고 하는 대신 "꿀꺽 삼켜! 그래야 말을 할 수 있잖아!"라고 하는 거예요.

취학 연령기 아이들은 대부분 어린이집이나 유치원 등을 통해 일반적인 식사 예절을 잘 알고 있습니다. 시설을 다니지 않았어도, 어른들이 식사하는 모양새를 보며 따라 했을 거고요. 그러니 아이에게 매번 예절을 새로 가르치거나 환기시키지 않아도 됩니다. 대신 아이가 식사할 때 보이는 긍정적인 행동을 칭찬해 주세요. 예를 들어 7살 현아의 엄마처럼 말이죠. 두 모녀는 다음과 같은 아주 놀라운 경험을 했습니다.

"현아는 식사를 할 때마다 의자를 가지고 장난을 쳤어요. 그렇게 하지 말라고 입에 침이 마르도록 아이에게 경고했어요. 이제 말하기도 지쳐 버렸습니다. 그래서 언제 한번 날을 잡고 제대로 아이의 버릇을 고쳐야지 하고 생각했어요. 그런데 어느 날 뭔가 눈에 띄었어요. 현아가 그렇게 의자를 덜컹거리며 식사를 하는데도 음식을 거의 흘리지 않았더라고요. 그래서 솔직히 반은 자포자기한 심정으로 이렇게 말했습니다. '엄마는 현아가 깨끗하게 먹어서 참 좋더라. 이것 좀 봐. 접시 옆에 하나도 안 흘렸어, 그치?' 그랬더니 현아가 매우 좋아하더군요. 그때부터 현아는 식사 예절이랑 다른 것들도 잘하려고 눈에 띄게 노력해요. 지금은 의자를 가지고 장난치는 일도 안 해요."

힌트   식사 예절 점수 주기

아이의 잘못된 행동을 더 이상 두고 볼 수 없어서 불가피하게 어떤 조치를 취해야 하는 경우 다음과 같은 실험을 해 보는 것도 좋은 방법입니다.

대략 일주일 정도 기간을 두고, 가족끼리 함께 식사할 때 서로를 지켜본 후 각자 다른 사람의 식사 예절에 대한 점수를 발표하는 것입니다. 여기서 포인트는 자신의 점수 또한 스스로 매겨야 한다는 거예요. 그리고 중간 중간 "나 지금 몇 점이야?"라고 물어서는 안 됩니다. 무엇보다 중요한 건 평가한 점수에 대한 구체적인 근거가 있어야 합니다. 그러기 위해 매번 식사를 마친 후에는 각자 표에 점수와 이유를 적어 두어야겠죠? 그리고 약속한 기간이 되면 결과를 알려 주면 됩니다.

대부분 아이는 이 방식을 매우 좋아할 거예요. 이 기간에는 부모가 아이를 야단치지 않기 때문이에요. 여러분의 기대보다 아이들은 이 놀이에 대한 호응이 좋을 거고, 더욱이 점차 편안하게 이 시간을 즐기며 자연스레 자신의 식사 습관이나 버릇을 관찰해 이를 차츰 개선하게 된답니다.

나는 밥 안 먹을래요

식사 시간에 화를 돋우는 일 가운데 특히 식사를 준비한 사람에게 가장 큰 스트레스로 다가오는 것은 아이들의 밥투정입니다. 정성을 다해 만든 음식을 한사코 안 먹겠다고 거부하면 당연히 화가 나니까요. 하지만 일단 야단치는 것을 자제하고 참는 게 좋습니다. 또는 반대로 제발 한 입만 먹어 달라고 사정사정해도 안 됩니다. 자칫 부모의 관심을 끌기 위한 아이의 행동을 오히려 강화시키는 악순환에 빠질 수 있기 때문이에요.

아이가 식사를 거부하면 아무렇지도 않은 듯 침착하게 반응해 보세요. 상냥하게 권유를 해도 아이가 먹기를 거부하면 아이의 뜻대로 하게 내버려 두는 거죠. 가족들이 식사를 다 마치면 말없이 식탁을 말끔히 치워 버리시고요. 머지않아 아이는 여러분에게 말할 거예요. "엄마/아빠, 나 배고파요!" 그때 "그것 봐. 식사를 안 해서 그런 거야"라고 충고하거나 바로 수그러들면서 "앞으로 제때 밥 먹을 거지?"라며 간단한 간식을 주고 싶겠지만 꾹 참으세요. 단지 "좀 이따 밥 먹을 때 먹자" 하고 대꾸만 해 주시면 다음 식사 때 아이는 식사를 거부하지 않을 거예요.

그리고 일주일 치 장을 보며 식단을 짤 때 아이도 그 일을 함께 하면 더욱 좋습니다. 김치찌개와 된장찌개 중 어느 것을 먹고 싶은 지 아이에게 선택권을 주고 결정하게 해 보세요. 그러면 아이는 부모가 자신의 욕구를 진지하게 여기고 자신을 위한다고 느낍니다. 제법 자란 아이에게는 가끔씩 가족들을 위해 간단한 요리를 직접 할 기회를 주는 것도 좋아요. 이렇게 하면 아이는 식구들을 전부 만족시키는 요리가 얼마나 어려운지 알게 될 거예요.

아이가 채소를 싫어하면 어떻게 해야 할까요? 아이가 매번 조미료가 덜 들어간 건강한 음식을 거부한다면? 앞으로도 아이가 계속 편식을 하거나 몸에 좋지 않은 음식만 먹을까 봐 걱정하게 되겠죠. 이럴 때는 정우네 집처럼 아주 창의적인 방법을 찾을 수도 있습니다.

"우리 아들 정우도 예전에는 과일과 채소를 전혀 먹지 않으려 했어요. 그래서 '동시에 먹기' 놀이를 생각해 냈습니다. 부모와 아이가 할 수 있는 아주 간단한 놀이예요. 식사를 할 때 우리 셋이 동

시에 과일 한 조각씩을 먹는 거였어요. '하나, 둘, 셋 - 슝!' 하면서
요. 어떨 때는 이렇게 모두가 특정한 행동을 같이 해 보면 전혀 안
되던 것도 조금씩 이루어지기도 해요.

그리고 저희는 종종 장난스럽게 시합을 하기도 했어요. '정우가
일주일 내내 날마다 과일을 하나씩 먹는다고? 에이, 아냐. 못 할걸!'
이라면서 말이죠. 그런데 정우가 떡 하니 해냈어요! 예전에는 매번
식탁에서 전쟁이 벌어졌는데 이제는 아이가 반항하거나 거부하지
않아 조용히 지나가요."

다른 애들은 다 있단 말이에요

13살 혜리는 뾰로통해 있습니다. 오늘 혜리의 친구인 유정이가 새로 산 청바지를 입고 학교에 왔기 때문입니다. 그 옷은 매우 비싼 브랜드 옷이었어요. 혜리도 항상 그 브랜드 옷을 갖고 싶어 했습니다. 이제 혜리는 귀가 따갑도록 칭얼대며 조르기 시작했습니다.

"엄마, 제발요. 다른 애들은 다 있단 말이에요. 근데 왜 저만 엄마가 일방적으로 사다 주는 옷을 입어야 하나고요."

"다른 애들 모두가 누구누구인데?" 엄마가 되물었습니다.

"전부 다요. 유정이, 예은이, 지수, 우리 반 여자애들 전부!!"

어린이 소비자와 옷의 브랜드 숭배문화

그냥 청바지냐 리바이스냐, 그냥 운동화냐 나이키냐. 아이와 청소년들에게 이것은 하늘과 땅만큼이나 큰 차이가 있어요. 오늘날 패션이 자신을 표현하는 도구로 사용되면서 사람들은 어떤 이미지를 상징하는 브랜드나 스타일을 골라서 입습니다. 때로는 그 사람이 갖고 있는 취향에 따라 사람들의 소속이 구분되기도 합니다. 그러니 아이들의 입장에서 특정 브랜드 숭배문화는 단순히 소유욕의 문제가 아닐 때가 많습니다. 그리고 그 현상은 옷을 넘어서 스마트폰, 가방 같은 액세서리, 하다못해 스티커처럼 자잘한 문구

류 등 각종 소비재로 확장되고 있죠. 최근 통계에 따르면 Z세대 아이들은 그 어느 세대보다도 연령 대비 구매력이 강한 세대라고 밝혀졌습니다. 그만큼 소비재에 대한 유행에 민감하고 반응하는 속도가 빠릅니다. 게다가 아이들은 또래 집단 문화에서 가장 중요한 요소인 소속감을 물건으로 확인받는 경향이 있기 때문에 자신만 특정 물건이 없을 때 크게 불안감을 느끼곤 합니다.

부모들도 이러한 경험을 어렸을 때 해 봤기 때문에 그 딜레마를 잘 알고 있습니다. 그래서 아이의 소비 욕구를 통제하기가 어려워요. 게다가 소비재 구매는 돈의 문제이기도 합니다. 부모들은 아이들의 옷을 살 때 두 번 정도 고민하고 사게 됩니다. 취학 연령기의 아이들은 특히나 성장이 빠르기 때문이죠. 새로 옷을 산 지 불과 몇 주밖에 지나지 않았는데 금세 작아져서 맞지 않는 경우가 많으니까요. 그러니 고가의 옷을 선뜻 구매하기는 꺼려지게 됩니다. 게다가 대부분 아이들은 자기 물건이나 옷들을 아무렇게나 다룹니다. 제품이 몇 배로 비싸다고 해서 내구성이 몇 배로 뛰어난 것도 아닙니다. 값비싼 옷도 얼마든지 빨리 망가질 수 있죠. 이런 이유로 부모와 아이의 소비 욕구에는 갈등이 생길 수밖에 없어요.

모두가 만족할 만한 해결 방안을 찾는 일도 간단하지 않습니다. 하지만 불가능한 것은 아니에요! 12살 딸을 둔 부부는 다음과 같은 방법으로 아이와 의견일치를 보았습니다.

"예전 효정이의 물건 욕심에는 한도 끝도 없었어요. 요구를 들어 줄 수 없을 정도로 원하는 제품들이 너무 비싸고 다양했죠. 그래서 1년 전부터 아이와 약속을 했어요. 즉 효정이가 갖고 싶은 브랜드 제품을 살 때마다 그 제품 가격의 1/3을 아이의 용돈에서 부담하게 했어요. 그랬더니 아이가 용돈으로 감당을 할 수 있을지 없을지 고민하기 시작하더라고요. 어느새 아이의 요구는 확연히 줄었어요. 어떻게든 갖고 싶지만 아이의 용돈이 부족할 경우에는 중고 마켓을 통해 구하기도 했어요. 중고 거래를 결정할 때는 꼭 우리와 함께 했고요."

눈물의 징징 대잔치

앞에서 언급한 혜리처럼 매달리며 조를 때 어떻게 대처하는 게 좋을까요? 청소년기에 접어든 아이들은 무엇인가를 얻고자 할 때, 단단히 작정하고 "다른 애들은 모두 있어요. 다른 애들은 모두 다 해도 되는데 나만……"과 같은 기발한 말로 순식간에 부모의 마음을 연약하게 만듭니다.

아이는 여러분의 마음을 움직이기 위해 온갖 목표지향적인 전력을 써 올 겁니다. 각오해 두는 게 좋아요. 아이가 한숨을 내쉬며 한탄하고 매우 비참해하는 표정을 지을 테니까요. 어쩌면 두 눈에 눈물 몇 방울을 대롱대롱 매달지도 모릅니다. 이런 술책은 정말 놀라울 정도로 효과가 있어요. 아이가 슬퍼하는 모습을 보고 아무렇지도 않을 부모는 별로 없으니까요. 하지만 자기의 뜻대로 소원 성취를 하게 되면 언제 그랬냐는 듯 아이의 슬픔은 순식간에 사라집니다. 그리고 머지않아 새로이 원하는 것이 생기면 아이는 또다시 가능한 한 슬프게 보이도록 표정을 지어요. 부모의 동정심을 유발하려는 아이의 이런 행동을 나쁘게 받아들일 필요 없습니다. 아이들이 즐겨 하는 흔한 술책 시리즈 중의 하나일 뿐입니다. 그러니 우리도 아이의 이 같은 술책에 어느 정도는 넘어갈 필요가 있습니다.

'다른 아이들은 다 갖고 있고, 또 다른 아이들은 해도 되는데 자기는 왜 안 되냐?'며 칭얼거리면 이렇게 말하세요. "그래, 내가 직접 알아봐야겠어. 안 그래도 다음 주에 엄마들끼리 모임 갖기로 했거든. 정말로 그런지 안 그런지 이야기해 볼게"라고 말입니다. 그럼 아이는 이런 부모의 제안을 거절할 거예요. 그러면 여러분은 그 문제에 대한 토론은 끝난 것으로 여긴다고 당당히 말하면 됩니다.

아이의 욕설과 잘못된 표현

9살 성규가 학교에서 오자마자 겉옷과 책가방을 거실 구석에 휙 던져 버리고는 단정치 못한 자세로 식탁 의자에 앉았습니다. 방금 식사 준비를 마친 저는 이마를 확 찡그렸어요. "성규야, 겉옷은 옷걸이에 걸고 가방은 방에 두라고 내가 몇 번을 말했니? 게다가 손도 아직 안 씻었잖아! 얼른 손부터 씻고 와."

"엄마, 저 방금 왔거든요? 근데 '안녕' 하고 인사도 안 하고 보자마자 잔소리부터… 요새 그런 걸 뭐라고 하는 줄 알아요? 꼰대라고 해요!"라며 성규가 싸우듯 거칠게 되받아쳤습니다.

"성규야, 너 그게 엄마한테 무슨 말버릇이야?"

"아~ 진짜 잔소리 꼰대!"

성규는 히죽히죽 웃으며 그 말을 반복했습니다.

아이가 욕하는 대상이 무엇일까?

누구나 한 번쯤은 욕설이나 비난을 해 보았을 겁니다. 대개는 그럴 만한 사정이 있기 마련이죠. 꾹꾹 참았던 분노와 화가 더 이상 주체할 수 없을 정도로 철철 흘러넘치게 되면 속된 표현, 즉 한바탕 욕설을 퍼붓는 게 화를 푸는 데 아주 도움이 됩니다. 그건 아이도 어른과 마찬가지입니다. 그런데 유치원 또는 초등학교에 다니는 아이들이 욕설을 하는 데는 또 다른 이유도 있습니다. 즉 아이들은 어디선가 듣고 배운 욕설이 어떤 효과가 있는지 시험해 보고 싶어서 욕을 하기도 한다는 거예요. 성규가 엄마에게 하는 것처럼 말이죠.

아이가 욕설이나 속된 말을 한다면 어떻게 하는 게 좋을까요? 우선 여러분은 여기서 아이가 누구를 또는 무엇을 향해 욕설이나 속된 말을 하는지를 구분해야 할 필요가 있습니다. 예를 들어 아이가 "거지같은 숙제"라고 욕을 하거나 또는 어떤 일이 잘 되지 않을 때 "에이 씨!" 하며 고함을 친다고 할게요. 이럴 땐 그냥 아이가 하는 욕설을 듣기만 하세요. 그러고 나서 시간이 좀 지난 후 아이에게 꼭 욕을 섞어야 할 필요가 있었는지를 묻고 이야기를 나누어 보세요. 그러나 누군가를 대상으로 욕설을 할 경우는 상황이 좀 다릅니다. 만일 엄마, 아빠 또는 형제들을 향해 "바보 같은 XX!", "멍청이!" 또는 "어리석은 XX!"라고 했다면 이것은 절대 용납해서는 안 되는 모욕입니다.

하지만 여기에도 차이가 있습니다. 아이가 이 단어를 사용할 때 그 새로운 어휘에서 재미를 느끼는 거라면 담담하게 이런 식으로 받아들여도 됩니다. "꼰대가 무슨 뜻인지 나한테 설명해 줄래? 어디서 배운 거야?" 또는 말솜씨 기술을 적용해서 아이의 비난을 맞장구치는 것도 괜찮은 방법입니다. "그래, 맞아. 지금 내 기분이 꼰꼰해서 말이 아주 꼰꼰하게 나가네!"

하나, 둘, 셋! 욕설 그만!

욕설과 관련해 특히 어린아이에게 나타나는 특이한 현상이 있습니다. 아이가 걷잡을 수 없을 정도로 기분 내키는 대로 욕설을 하는 거죠. 이런 경우 아이를 멈추게 할 수 있는 것은 오직 '작전타임'뿐입니다.

우선 욕하면서 흥이 오를 대로 올라 흥분한 아이를 다른 방으로 보내세요. 그리고는 "네가 계속해서 그런 단어를 사용하면 우린 너랑 한마디도 하지 않을 거야"라고 명백히 이야기하세요. 이런 경우 1-2-3 방법을 제대로 적용한다면 아주 효과적일 것입니다. "다시는 그런 말을 하지 마!"라는 식으로 아이를 제압하기보다는 단호하게 숫자를 세는 것만 하면 됩니다. 그러면 아이에게는 욕하는 것을 그만 둘 수 있는 기회가 생깁니다. 어쩌면 여러분이 셋을 다 세기도 전에 아이가 욕하는 걸 멈출지도 모릅니다.

만일 숫자를 세는 동안에도 아이가 욕설을 멈추지 않으면 이때는 아이에게 작전타임을 갖게 하고, 여러분은 그 시간을 이용해서 욕이 아닌 일상적인 대체 표현을 다시 생각해 보면 됩니다.

어디까지 허락할 것인지 경계를 확실하게

집에서 어떤 욕설은 허락하고 어떤 것은 용납하지 않을 것인지에 대해 아이들과 의논해서 정해야 합니다. 또한 부모도 그 규칙을 지켜야 한다는 것을 유념하시고요! 혐오 표현이나 명백히 타인에게 상처를 주는 욕설, 또는 누군가를 특정해 공격하는 표현들은 어떠한 경우에도 절대 금지해야 해요. 상대를 지칭하는 "돼지", "멍청이" 또는 "머저리" 같은 표현이 여기에 해당합니다. 분노의 출구 역할을 하는 불쾌한 표현, 즉 욕설을 허용할 수 있는 한계도 명백히 해야 합니다. 욕설을 어디까지 허용할 것인지는 가정마다 다를 수 있어요.

어떤 가정에서 '에이 씨'까지는 봐줄 수 있는 욕설일 수 있고, 아예 금지어로 규정하는 가정도 있습니다. 어떤 집안 분위기든 거친 욕설을 재미있는 말로 바꿀 수 있어요. 우리의 창의성을 한껏 발휘합시다! 쌓인 분노 표출 및 해소 이외에도 분위기가 환기될 수 있는 대체 단어들을 생각해 보는 거예요. 이를테면 깽깽이, 땅땅이, 똘랑똘랑 등과 같이 크고 또렷하게 외쳤을 때 심리적으로 분노가 해소된 감정이 들 수 있도록 거친 된소리로 이루어진 음절이 좋습니다. 중요한 것은 그런 단어들조차 누구에게든 상처를 주는 용도로 사용되어서는 안 된다는 거예요.

누군가 금지한 욕설을 했을 때 어떤 결과가 따를 것인지에 대해서도 당연히 미리 약속을 하고 합의를 해야 합니다. 이를테면 금지된 욕설을 한 사람은 그 대가로 저금통에 얼마의 벌금을 넣거나, 또는 잘못을 보상하는 차원으로 모욕을 받은 사람이 원하는 것 한 가지를 들어주는 것이죠.

분노 폭발과 과격한 돌발 행동

8살 준혁이는 친구들과 함께 축구를 하러 가겠다고 했습니다. 방금 집에 손님을 맞이한 상태여서, 제가 정신이 없는 틈을 노려 준혁이가 말을 꺼낸 거였죠. 그래서 우선 "숙제를 아직 안 했잖아. 다 마치면 그때는 가도 좋아"라고 말했어요. 화가 난 준혁이의 얼굴은 점점 빨개졌습니다.

"숙제를 다 할 때쯤이면 애들 다 집에 가겠죠. 제발요!"

"안 된다고 했어. 당장 네 방으로 들어가지 못해?"

"아, 가게 해 달라고!!"

준혁이가 버럭 고함을 지르고는 손님들이 보는 앞에서 발로 문을 꽝 차 버렸습니다. 그러나 저는 평소대로 흔들리지 않고 단호히 반응했습니다. 그랬더니 완전히 폭발한 준혁이가 주먹으로 탁자를 내리치더니 결국 꽃병을 바닥에 던져 버렸어요. 꽃병은 산산조각이 나고 말았습니다.

아이의 분노는 왜 발생할까?

분노가 폭발하고 공격적인 행동이 나타나는 원인은 다양하지만 주로 자신이 원하는 것이 이루어지지 않았을 때 느끼는 실망감 때문입니다. 방금 예로 든 준혁이의 경우처럼 아이들은 대부분 자신이 하고 싶은 일을 하지 못하게 되었을 때 폭발합니다. 욕설, 처벌, 퇴짜나 거부, 관심 부족 등도 아이의 분노를 폭발하게 만들죠. 이와 반대로 지나치게 관대한 교육방식도 공격적인 태도를 야기할 수 있습니다. 부모가 너무 잘 받아 주면 아이는 오히려 부모의 관심을 못 받는다고 느껴요. 해서 아이는 관심을 끌기 위해 분노나 공격성으로 유인작전을 쓰게 됩니다.

분노 폭발의 또 다른 이유는 아이에게 무리한 것을 요구하는 부모의 과도한 기대 때문일 수 있어요. 욕심이 많은 부모는 아이가 항상 최고의 능력을 발휘하길 바랍니다. 다른 사람들 앞에서 모범적인 가족임을 뽐내고 자랑하고 싶어 하죠. 하지만 이런 부모의 과한 기대나 요구가 아이의 분노를 폭발하게 만듭니다. 그 밖에도 외부로부터의 과도한 자극이나 미디어에서 보여 주는 잘못된 모습에서 그 원인을 찾을 수도 있습니다. 이를테면 아이들은 자주 보는 영화나 텔레비전을 통해 그 속에 비춰진 무자비함과 폭력이 강한 사람의 특징이라고 받아들이게 되는 거예요.

또 다른 원인으로는 운동 부족이 있어요. 놀이와 움직임은 모든 아이의 기본적 욕구에 속합니다. 그런데 오늘날 아이들은 대부분 비좁은 반경에서 생활하고 성장합니다. 공간도 좁고 스포츠 같은 것을 할 기회도 적죠. 그래서 넘치는 에너지를 발산할 가능성이 매우 희박합니다. 자세한 내용은 뒤에 나올 2부 7장 속 '지루함이 스포츠를 만나다' 편에서 자세히 다룰 거예요.

분노가 폭발할 때 어떻게 하지?

분노가 폭발해 8톤 트럭처럼 돌진하는 아이를 멈출 수 없다면 어떻게 해야 할까요? 좋은 말로 아이를 달랠 시도는 먹히지 않을 거예요. 또한 강한 어조로 지시를 내려 아이의 분노를 누르려고도 하지 마세요. 특히 아이가 다른 사람들이 보는 가운데 분노를 폭발했을 때라면 더더욱 억압적인 방법은 안 됩니다. 여러분이 아이보다 다른 사람의 의견이나 기대를 더 중요하게 여긴다는 인상을 아이에게 줄 위험이 있어요. 다만 아이의 분노 표출로 다른 사람이 다치거나 물건이 망가질 위험이 있을 경우에는 단호히 대해야합니다.

그렇지 않은 경우에는 아이를 우선 내버려 두고 여러분도 안정을 유지하는 것이 중요합니다. 마음이 진정되지 않는다면 일단 아이와 거리를 두는 것도 좋아요. 즉 아이에게 "네 방으로 가라"고 권하세요. 또는 여러분이(필요하다면 손님들과 함께) 아이가 난동을 부리는 장소를 벗어나는 방법도 있습니다.

마침내 아이가 진정하면 벌어진 사건에 대해서 이야기해 봐야겠죠? 이때는 벌어진 사건만을 가지고 차근차근 사실대로 다루어야 합니다. 여러분은 아이의 행동이 적절하지 않다고 여겼다는 점을 확실하게 말해야 합니다. 하지만 아이를 멸시하거나 힐난하는 말을 하지는 않도록 주의하세요. 무엇보다 아이의 성격을 비난하지 말고 오직 잘못된 행동만을 문제 삼아야 합니다. 아이는 자기가 잘못을 했어도 부모가 자기를 받아들이고 보살핀다는 사실을 증명받고 싶어 합니다.

중요

어른인 '나'의 분노는 어떡하지?

그럼 아이 때문에 도무지 참을 수 없어 여러분부터가 폭발할 지경이면 어떻게 해야 할까요? 이럴 땐 먼저 스스로의 분노를 사그라뜨리고 가라앉힐 방법을 찾는 게 중요합니다.

여러분이 느끼는 분노를 공중에 날려 버리는 게 최고예요. 말 그대로입니다. 밖으로 나가서 운동하듯 빠른 속도로 몸을 움직여 보세요. 많이 움직여 체력을 소진할수록 웬만한 거센 분노도 차츰 줄어듭니다. 화가 났을 때 그 감정 자체를 실제로 입 밖으로 내는 것도 도움이 됩니다. 아무도 방해하는 사람이 없는 장소라면 큰소리로 고함을 질러 화를 삭이세요. "진짜 화나네. 와, 진짜 짜증 나!" 하면서 말이죠. 분노를 표출하는 것 자체는 절대 부정적인 게 아니니까요.

약간 진정이 되었다면 여러분이 아이에게 하고 싶은 말을 먼저 글로 적어 보는 것도 좋습니다. 이렇게 하면 문장을 작성하는 동안 마음이 차분해지고 생각을 정리하는 데 도움이 됩니다. 진정이 될 때까지 충분한 시간을 가져야 해요. 필요할 경우 하룻밤을 넘기는 것도 괜찮고요. 다음 날에는 시각이 조금은 달라져, 전날에 적어 둔 메모지들을 다시 한번 읽어 보면 분명히 새롭게 읽힐 거예요. 그러면 오늘 시점에서 생각하는 대로 표현을 고치거나 첨가하면 됩니다. 이때 아이의 동기나 의도를 생각하고 또 아이의 입장을 고려해 주면 전하고자 하는 메시지가 완벽해질 거예요.

마지막으로 적당한 기회에 아이의 생각이나 의견을 물어보세요. 아이와 여러분, 두 사람에게 이와 비슷한 상황이 다시 생길 경우 어떻게 해야 좋을지, 또 어떻게 잘 마무리할 방법이 있는지를 함께 고민하고 여러분도 아이에게 몇 가지 제안을 하는 것입니다.

이렇게 감정의 폭발을 예방할 수 있다

아이의 분노 폭발은 그 상황에 있는 모두에게 견디기 어려운 일이에요. 눈으로나 귀로나 꽤 자극적이니 직접적인 원인이 여러분에게 없더라도 화를 내는 아이를 보는 것은 심리적으로 편할 수가 없습니다. 화를 내는 아이의 마음도 같습니다. 그러므로 아이는 분노를 조절하는 법을 제때 배워야 합니다.

무엇보다 일단 아이가 충분히 몸을 움직일 수 있도록, 즉 주기적으로 운동할 수 있도록 신경 써 주세요. 아이가 움직이고 싶은 욕구를 충분히 펼치게 되면 분노는 덜 쌓이고 대신 넘치는 에너지를 밖으로 발산할 수 있습니다. 준혁이의 경우도 만일 엄마가 그때 친구들과 축구를 하라고 허락하고 숙제는 그다음에 하도록 했으면 준혁이도 그걸 무던하게 따랐을지도 몰라요.

반대로 아이도 신경이 날카로울 때는 물러나 따로 혼자만 있을 수 있는 공간이 필요합니다. 텔레비전이나 컴퓨터가 없는 방이 아이가 혼자 감정을 가라앉힐 장소로 적합해요. 만약에 방에 그런 것들이 있다면 마음을 진정시키고 생각을 정리해야 하는데 자칫 컴퓨터나 텔레비전 앞에 매달려 있을 수 있습니다.

자주 분노 발작을 일으키는 경향이 있는 아이들은 그만큼 다른 사람의 인정과 존중을 원합니다. 심지어 더 많이 필요로 할지도 모릅니다. 아이가 가진 장점과 능력에 관심을 기울여 적절히 칭찬과 독려를 반복해 줄수록 아이는 용기를 얻고 자아의식을 강화시킵니다.

아이들의 천연덕스러운 거짓말

13살인 아라는 어느 날 늦은 오후에 다른 반 친구의 생일파티에 다녀오겠다고 했어요. 아라가 굉장히 들뜬 목소리로 허락을 구했어요. 그런데 그 친구의 이름은 처음 들어 본 것 같았죠.

"같은 반이 아니지 않아? 처음 듣는 친군데, 다른 반인 널 초대한 거니?"

"저만 초대한 게 아니에요. 다른 반 애들도 많이 초대했어요. 다녀와도 되죠? 친구 부모님이 계시니까 별일도 없을 거예요."

"그래, 좋아. 하지만 아빠한테도 물어봐야 해!"

"벌써 물어봤어요. 아빠도 허락했어요!"

아라는 기뻐서 활짝 웃으며 자리를 떠났습니다. 그런데 나중에 아빠에게는 말도 꺼내지 않았다는 사실을 알게 되었습니다. 게다가 파티에 초대된 아이들 가운데 아라가 가장 나이가 어렸고, 심지어 그 아이의 부모님은 그날 집에 계시지 않았다는 사실도 밝혀졌습니다.

아이는 왜 거짓말을 할까?

아이가 거짓말을 하는 이유를 보면 대략 세 부류로 나뉩니다. 첫째로 아라처럼 상황이 자기에게 유리하도록 거짓말을 합니다.

아라는 엄마의 마음을 움직이기 위해 거짓을 사실인 양 꾸몄죠. 둘째로 두려워서 거짓말을 합니다. 아이가 잘못을 저질렀을 때 혼날까 봐 거짓말로 위기를 모면하려 하죠. 셋째로 자존감이 부족한 경우 종종 다른 사람의 관심을 받으려고 거짓말을 하기도 합니다. 예를 들어 자기 부모는 아주 유명한 사람이며 연예인들과 친구라고 주장하는 것처럼요.

이 세 가지 모두 공통점이 있습니다. 즉 이루고 싶은 목표가 있는데 그 순간 다른 방법이 없을 때 거짓말을 한다는 거예요. 이런 거짓말이 성공하면 아이는 다음에도 거짓말을 하게 됩니다.

거짓말에 대해 이야기 나누자

자기 아이가 거짓말을 했다는 것이 밝혀지면 부모들은 매우 상심하게 됩니다. 아이에게 감쪽같이 속았고 배신을 당했다고 말이에요. 또 내가 아이를 잘못 교육시켰다고도 생각합니다. '거짓말이 이번이 처음일까? 사실 전에도 거짓말이었던 거 아냐? 이러다가 아이가 정말 잘못되는 것은 아닐까?'라고 스스로에게 물을지도 모릅니다. 이런 상황에서 도움이 되는 해결 방안은 딱 하나입니다. 아이와 대화를 하세요. 그러나 서두르면 안 됩니다. 부모의 동요와 흥분상태가 가라앉을 때까지 기다려야 해요. 아이와 편안하고 의미 있는 대화를 나누기 위해서는 무엇보다 먼저 절박한 심정을 추슬러야 합니다. 그래야 아이가 거짓말을 하게 된 배경이나 원인을 조금이나마 유추해 볼 여유가 생기기 때문이에요.

만약 아이가 거짓말한 이유를 확실히 알 것 같다면 아이에게 물으면 됩니다. 아이와 대화를 나누면서 '거짓말은 사소한 문제가 아니다. 그러나 용서받지 못할 정도로 아주 큰 잘못도 아니다'라는 것을 명백히 밝혀 주세요. 아이와 대화를 하는 목적이 "왜 나를 속였어?"라며 탓하기 위해서라거나 또는 전에 했던 말들도 의심하고 있다는 인상을 주어서는 안 돼요. 대신 아이에게 이렇게 물어보는 거예요. "거짓말을 하면서까지 바라는 게 있었어?" 그리고 앞으로는 거짓말을 하지 않고도 어떻게 하면 아이가 원하는 것을 얻을 수 있을지에 대해 아이와 함께 생각해 봐야 합니다.

조언　　　　　　　　　　　　**어른은 아이의 거울**

개인심리학 상담가인 레나테 프로인트Renate Freund[11]는 모든 부모는 일상에서 항상 아이에게 모범을 보여야 한다고 충고합니다. 그래야만 하는 이유는 다음과 같습니다.

때때로 전화를 받고 싶지 않거나 누군가 찾아왔는데 만나고 싶지 않을 때, 부모인 당신은 어떻게 했나요? 아이에게 "엄마 지금 없다고 해"라고 부탁을 한 적이 있지 않나요? 또는 아이가 과자를 먹어도 되냐고 물었을 때 아이를 설득하기보다는 아주 즉흥적으로 "지금 집에 과자 없어!"라고 잘라 말했을지도 몰라요. 때로는 여러분이 겪은 체험이 매우 멋지게 보이도록 몇 가지를 더해 환상적으로 부풀려 말했던 적도 있을지도 모르죠.

만일 아이가 부모의 거짓말을 실제로 보게 되면 부모가 주장하는 '진실해야 해!'라는 말의 의미와 그 장점을 이해하기 매우 어려워집니다. 부모인 우리는 아이에게 진정성을 요구하고 거짓말을 처벌하면서, 정작 부모인 우리가 이런 것들을 무시하고 있다면 아이가 부모의 말을 믿을 수 있을까요?

갑자기 싸해지는 분위기

금요일 밤이었어요. 저희 부부는 12살 소율이, 9살 하율이 자매와 함께 카드놀이를 하며 시간을 보냈어요. 카드놀이는 주말이 시작되는 금요일 밤에 아이들과 하는 정기 행사 같은 거예요. 하율이는 매우 즐거운 듯 보였지요. 좋은 카드를 쥘 때마다 즐거워하며 비명을 질렀습니다. 반면에 소율이는 언짢은 표정으로 탁자에 쪼그리고 앉아 다른 생각을 하는 듯 보였어요.

"소율이 화이팅!" 아빠가 소율이의 기분을 좋게 하려고 애썼죠.

"에이, 그렇게 우울한 표정 하지 마~ 내일, 내일 모레 푹 쉬는데 좀 즐거워해야지!"

그러나 소율이의 얼굴은 더욱 어두워졌어요.

"아빠 짜증 나, 진짜!" 결국 소율이가 아빠의 말에 이렇게 쏘아붙였습니다. "이거 하나도 재미없어. 완전 질린다고."

좋은 기분을 강요할 수는 없어요

우리는 기분이 언짢아진 한 아이가 얼마나 쉽고 빠르게 가족 전체의 기분을 망치는지 잘 알고 있습니다. 그리고 그렇게 분위기가 흘러가는 것을 아무도 원치 않죠. 그래서 기분이 안 좋은 아이가 있으면 우리들은 대부분 자신도 모르는 사이에 의도적으로 미소를 짓거나 노골적으로 쾌활한 표정을 지으며 아이의 기분을 좋게 만들려고 합니다. 그런데 유감스럽게도 그런 방법이 성공하는 일은 매우 드뭅니다. 오히려 그 반대로 아이의 기분을 바닥으로 곤두박질치게 만들곤 하죠.

사실 아이가 이렇게 역반응을 하는 것도 충분히 이해할 수 있어요. 누구나 가끔은 기분이 안 좋을 때가 있고, 기분이 나쁘면 그 나쁜 감정을 내비칠 수 있어요. 그것은 당연한 권리예요. 따라서 아이의 기분이 나쁘게 된 구체적인 원인이나 동기를 알 수 없을 때는 아이가 나타내는 기분을 바꾸려고 설득하려 하지 말아야 합니다. 그보다 아이가 느끼는 감정을 인지했으며 또 아이가 그런 감정을 느끼는 것을 충분히 수용하고 납득할 수 있다는 것을 보이는 게 낫습니다. 소율이의 예시에서는 이렇게 할 수 있을 거예요. "오늘은 별로 재미가 없었구나. 그만하고 싶으면 그래도 괜찮아. 그럼 소율이가 오늘 특별 심판해 주는 건 어때?" 이런 방식으로 제안하면 아이는 부모가 자신의 상황을 알고 있고, 또 그걸 존중한다는 걸 느낄 수 있습니다. 또한 아이를 놀이에 참여하라고 강요하지 않으면서도 함께 놀이에 참여한다면 환영한다는 걸 암시할 수 있어요.

하지만 아이의 기분이 나빠진 배경에는 심각한 문제나 걱정이 있을 수 있습니다. 이때는 단지 아이를 이해하는 것으로 그쳐서는 안 됩니다. "요즘 네가 무슨 걱정거리가 있는 것 같아. 네가 원하면 언제든 말해도 좋아"라는 신호를 보내 아이의 말을 들을 준비가 되었음을 보여야 해요. 이럴 때 아이의 말을 적극적으로 듣는 기술을 사용하면 도움이 많이 됩니다. 이 책의 1부 1장 속 '대화가 끊기지 않도록 적극적으로 경청할 것!' 편을 보면 아이의 말을 적극적으로 경청하는 기술들이 소개되어 있어요. 앞서 언급했듯이 나쁜 기분은 좋은 기분과 마찬가지로 아이들이 갖는 당연한 생존 권리입니다. 사람의 감정이나 기분은 좋을 때가 있고 또 나쁠 때가 있습니다. 일부러 웃어서 감정을 없애거나 억압할 필요는 없어요. 좋고 나쁜 기분과 감정이 오래갈 수도 있고 또 짧을 수도 있지만, 지속적인 원인이 없다면 언젠가는 저절로 다시 누그러집니다.

유머는 많은 것을 쉽게 만든다

유머는 좋은 기분을 강요하는 것과는 완전히 다릅니다. 인위적으로 쾌활함을 만들어 내는 것과 전혀 관련이 없어요. 유머는 예기치 못한 순간에 빵 터져서 저절로 웃음이 나오게 하고 분위기를 부드럽게 만듭니다. 앞에서 언급한 소율이의 예는 좋은 분위기를 억지로 강요해서는 안 된다는 것을 잘 보여 주었죠. 일상에는 재미있는 순간들이 있습니다. 웃음을 유발하는 이런 순간들을 잘 이용하면 함께 웃을 수 있습니다.

독일의 유명한 코미디 배우인 칼 발렌틴^{Karl Valentin}은 "모든 사물에는 세 가지 – 긍정적인 측면, 부정적인 측면, 그리고 논리적인 측면 – 이 있다"고 말했습니다. 재미있는 상황으로 아이를 웃게 만들 기회가 있으면 그때마다 적극 활용해 봐요. 민형이네처럼 말이에요.

"우린 때때로 역할 바꾸기를 해요. 아들 민형이가 엄마 아빠가 되고 반대로 우리는 아이의 역할을 맡아서 아이처럼 행동하죠. 예를 들어 민형이가 했던 것처럼 우는 목소리를 내며 애원하죠.

'제발, 제발요. 벌써 자기 싫어요. 동화책 하나만 더 읽어 주세요!'

민형이는 역할 바꾸기 놀이를 무척 재미있어했어요. 자기가 부모의 역할을 하면서 아들 역할을 하는 우리에게 평소 하고 싶었던 경고를 할 수 있으니까요. 아이도 우리가 하는 행동을 보고 그 속에서 자신의 모습을 보았을 거예요. 아이는 우리의 행동이 자신을 조롱한다고 느끼지 않고 웃고 재밌게 여겼어요. 우리에게도 좋았고요. 왜냐하면 우리도 직접 아이가 자주 보이는 행동을 해 보면서, 실제로 아이가 그 행동을 했을 때 비교적 덜 긴장한 상태로 웃으며 바라볼 수 있게 되었으니까요."

반대로 아이가 당신을 빵 터지게 만들 수 있다면 아이에게도 분명 멋진 경험이 될 거예요. 유머로 재미있고 우스운 상황을 형성해서 그런 순간을 아이가 즐기게 하세요. 앞으로 아이에게 방 청소 문제로 장황하게 경고했는데 아이가 불퉁하게 대꾸했을 때, 이 상황에서 집게손가락을 위로 치켜 올리며 아이를 가르칠 생각 대신 한바탕 웃을 수 있는 농담으로 이 분위기가 반전되도록 만들어 보세요.

웃음은 단지 기분만 좋게 하는 것이 아닙니다. 놀랍게도 '함께' 라는 동료의식을 일깨우기도 합니다. 그러므로 일상생활에서 잠시 하던 일을 멈추고 생각해 보세요. 오늘 우리가 함께 깔깔깔 웃었던가?

- 소가 노래를 부르면 뭔 줄 알아? → 소송

  그럼 소들이 떼창을 하면? → 단체소송!
- 포도는 자기소개를 어떻게 할까? → 나는 포도당
- 깜짝이야! 차가 놀라면? → 카놀라유
- 그늘에 있을 때 행복한 이유는? → 바로 해피해서

4

"재가 먼저 시작했어요!"

- 형제끼리 다툼

아무것도 아닌 일로 약 올리고 화내고, 소리 지르며 뛰어다니는 형제 싸움은 우리의 신경을 날카롭게 만듭니다. 이럴 때 보면 마치 우리 인내심이 어디까지인지 한계를 시험하는 듯해요. 적당히 자기들끼리 해결하게끔 내버려 두려고 해도 극악으로 치닫는 모습을 보면 결국 그 사이에 뛰어들게 됩니다. 타당한 이유가 있어서 싸움이 벌어진 것일까? 어떻게 해야 싸움을 막을 수 있을까? 스스로에게 물어봐야 아무런 도움이 되지 않아요. 부모와 자식 사이의 갈등이 당연히 생길 수밖에 없듯이, 아이들끼리의 다툼도 자연스럽게 발생하는 거니까요.

싸움을 미연에 방지하는 것도 좋지만 서로 공정하게 끝낼 수 있는 방법을 배우는 것이 매우 중요합니다. 그러니 우리는 아이들이 싸움을 바른 방향으로 끝낼 수 있도록 도와야 하죠. 싸움을 말리거나 개입하지 말고 멀리서 지켜보며 싸움을 한 원인이나 계기를 알아내야 합니다. 또한 그 원인을 두고 '에이, 별 거 아니네'라고 여기지 말고 아이들의 감정을 이해하려고 노력해야 해요.

매일 온 집안이 전쟁터!

조금 전까지만 해도 6살 수정이는 8살인 언니 수진이와 사이좋게 놀고 있었어요. 갑자기 수정이가 날카롭게 소리를 지르기 시작했어요.

"그거 내 인형이야. 이리 줘!"

"할 수 있으면 가져가 봐!"

수진이가 수정이를 도발하더니 동생 인형을 꼭 끌어안고 자기 방으로 뛰어가 방문을 잠가 버렸어요. 수정이가 소리를 지르며 쫓아갔습니다. 손잡이를 잡아당기고 방문을 쾅쾅쾅 두드렸어요. 거실에서 신문을 읽던 아빠가 끝내 화를 내며 일어났죠.

버럭 한다고 해결되지 않는다

"조용히 해! 너희는 단 1분도 사이좋게 못 지내니? 둘 다 정말 징하다!" 여러분은 어쩌면 이런 문장을 아이들에게 아주 큰 소리로 말할지도 모릅니다. 굉장히 익숙한 문장이죠? 고성이 오고가는 상황에 짜증이 난 어른들이 종종 이런 말을 합니다. 하지만 소음 속에서 소음을 내는 게 소용이 있을까요?

소리 지르기는 우리의 화가 폭발했다는 사실을 알리는 것 말고는 좋은 효과가 결단코 없습니다. 고함을 친 부모는 일단 속이 후

련할지 모르겠네요. 그런데 고함을 치는 부모에게서 아이들은 무엇을 배우게 될까요? 어쩌면 아이는 자신의 부모가 문제를 침착하게 해결하지 못하고, 이 상황을 끝내 버리기만 하면 되는 것으로 여긴다고 생각할지도 모릅니다. "둘 다 정말 징하다!"와 같은 발언을 들은 아이들의 기분은 어떨까요? 자신의 마음을 알아주려고 하지 않으니 특히 동생 수진이의 입장에서는 '아무것도 모르면서!'라며 억울할 거예요.

모두를 존중하기

아이들이 도저히 진정하지 않는 상황에서 어떻게 침착하게 아이를 존중할 수 있을까요?

먼저 잠깐 행동을 멈추시고 깊은 숨을 3초간 들이마신 뒤 6초간 내뱉어 보세요. 숨을 들이마시는 길이보다 2배 길게 내쉬는 호흡법은 실제로 요가에서 자주 사용되는 호흡법으로 마음을 진정시키는 데 도움이 됩니다. 단지 몇 초 동안 고함을 친다고 문제가 해결되지 않는다는 사실을 떠올리세요. 꾸짖음, 위협 그리고 처벌은 오히려 갈등만 극대화시킬 뿐이라는 사실도 함께 명심하세요.

이제는 아이들이 싸웠을 때 여러분이 느꼈던 감정과 욕구가 무엇이었는지 생각해 볼 차례입니다. 그리고 나서 여러분의 욕구를 제대로 알릴 수 있는 나−전달법으로 표현하세요. "너희가 시끄럽게 하면 내가 집중할 수가 없어! 우선은 1분만 조용히 해 줄래?"

그다음에는 아이들이 스스로 갈등을 마무리할 수 있는 가능성을 찾도록 여러 가지 힌트를 던져야 합니다. 단 "둘이 인형을 번갈아 가면서 갖고 놀아. 아니면 나한테 인형을 맡겨. 그렇게 하면 인형 때문에 싸우지 않겠지? 자, 어떻게 할래? 너희가 선택해!"라는 방향의 해결 방안을 지시해서는 안 돼요. 이런 방식으로는 실질적인 문제가 해결되지 않으니까요.

힌트   **3단계 나-전달법 사용하기**

"이 흰머리들 좀 봐! 이게 다 너희들 때문에 생긴 거야!" 싸움이 진정되고 난 뒤, 부모의 훈계 시간. 싸우는 아이들 때문에 스트레스를 받은 부모들은 절망감을 하소연할 때 종종 이런 표현을 씁니다. 이런 하소연을 들은 아이들이 우리 심정을 이해할까요? 부모의 하소연과 야단에 오히려 기분 나빠할지도 모릅니다. 심지어 아이들이 더욱 방자하게 행동할 수도 있어요. 나-전달법을 사용하면 아이를 야단치거나 비난하지 않고도 당신의 감정을 표현할 수 있고 훨씬 많은 것을 이룰 수 있습니다. 특히 다음 예시처럼 3단계 나-전달법을 사용하면 효과가 커진답니다.

① 어떤 상황이 문제인지를 말하기

  "만약에…… 한다면……"

② 느끼는 감정 상태를 말하기

  "내 기분이 지금……/ 내가…… 할 거야"

③ 그렇게 느끼는 이유를 설명하기

  "왜냐하면……"

예시 1 : "①만약에 집으로 오는 길에 너희 둘이 싸워서 제시간에 집에 오지 않으면, ②나는 불안해지고 신경이 예민해져. ③너희에게 무슨 일이 생겼을까 걱정이 되니까."

예시 2 : "①만약에 너희가 장난감을 서로 갖겠다고 몸싸움을 하면 ②나는 화가 날 거야. ③고작 장난감 하나 때문에 누군가 다치기라도 하면 큰일이니까."

넌 바보야! 아니, 네가 더 바보야!

9살 안나와 7살짜리 동생 요한은 또다시 투닥투닥 싸우고 말았습니다. 먼저 요한이 편안한 자세로 소파에 자리를 잡았습니다. 그리곤 가장 좋아하는 만화 프로그램을 보려는 순간, 안나가 리모컨을 확 낚아채더니 채널을 돌려 버렸죠.

"저리 가, 이 돼지야!" 화가 난 요한이 소리쳤습니다. 누나에게 빼앗긴 리모컨을 되찾으려고 손을 뻗었지만 실패했죠.

"네가 더 돼지거든!" 안나가 비웃으며 되받아쳤습니다.

"가서 읽고 쓰는 거나 제대로 배워. 너 아직도 받아쓰기 엉망이지? 넌 영원히 바보일 걸. 멍청이, 멍청이, 멍청이!"

안나는 삐죽삐죽 입을 내밀면서 동생을 비웃었습니다. 결국 요한은 울면서 엄마에게 뛰어갔습니다.

참아야 하나? 개입해야 하나?

나이가 많거나 힘이 센 아이가 말과 행동으로 저보다 어리거나 약한 형제를 괴롭히는 걸 지켜보기란 부모에게 매우 어려운 일입니다. 그렇기 때문에 '아이들, 즉 형제 싸움에 가능한 개입하지 말라'는 조언을 충실히 따르는 부모는 극히 드물죠. 물론 이런 조언이 항상 옳은 것은 아닙니다. 부모가 아이들 싸움에 꼭 개입해야만 하는 경우도 더러 있습니다.

아이들 싸움의 양상이 사소하거나 단지 부모에게 시위하듯 보여 주는 싸움에 그친다면 개입하지 않고 참는 것이 좋습니다. 종종 아이들은 부모가 어느 편을 드는지 보려고 부모에게 달려갑니다. 사실 이 두 싸움닭의 최종 목적은 부모를 싸움의 현장으로 끌어들이는 거예요. 이럴 때 부모는 '안타깝다(속상하다)'는 언급만 하면 됩니다. "너희가 싸울 때마다 나는 참 속상해!" 이것으로 족하죠. 그럼 아이들은 부모가 싸움에 개입하지 않으려 한다는 것을 금세 알아차리곤 싸움의 동력이 자연스레 사라질 거예요. 어느 한 쪽도 딱히 원하는 대답을 얻지 못할 테니까요.

이와 반대로 아이들이 심한 욕을 하고 서로에게 모욕감을 주는 상황이라면, 심지어 몸에 상처를 입힐 위험이 있을 정도로 싸움이 격렬해지면 대응법이 전혀 다릅니다.

안나와 요한의 경우도 시작은 단순한 시비였습니다. 그러나 요한이 누나를 모욕하기 시작하자 상황은 달라졌습니다. 안나도 총알을 장착하고 동생의 아픈 곳, 즉 낮은 학교 성적을 언급하며 인신공격을 시작했습니다. 이때는 부모님이 등장해야 하죠.

슬기로운 싸움·다툼 중재법

형제들 싸움에 개입할지 말지의 여부는 상황에 따라 결정해야 합니다. 만일 개입하기로 결정했다면 누가 가해자이고 피해자인지를 경솔하게 속단해서는 안 됩니다. 어느 한 쪽을 편들게 되면 싸움을 중재하려던 본래의 의도는 이미 멀어진 것이나 다름없으니까요. 요한과 안나의 싸움을 중재하려는 엄마의 중재 시도를 한번 살펴볼까요?

"엄마가 도와줬으면 좋겠다고? 좋아. 그렇지만 엄마는 너희들 싸움에 끼어들지 않을 거야. 오직 대화만 할 거야. 너희들 각자 무슨 일이 있었는지 나한테 설명해 줄래? 대신 서로 정중하게, 존댓말로 하자. 또 상대방에게 욕을 해서는 안 돼. 두 사람 다 여기에 찬성하니?" 아이들이 고개를 끄덕입니다.

"좋아. 그러면 이제 시작해 볼까. 요한아, 내가 너를 어떻게 도와주면 좋겠어?"

"나는 안나 누나가 나를 건들지 말았으면 좋겠어요. 그리고 나한테 바보라고 안 했으면 좋겠어요."

"이제 안나 네 차례야. 내가 너를 어떻게 도와주면 좋을까?"

"나는 엄마가 요한한테 나를 화나게 하지 말라고 했으면 좋겠어요. 그리고 매번 걔가 나 보고 '돼지'라고 하는데 그러지 말라고 했으면 해요."

이런 누나의 말에 요한이 강력하게 이의를 제기합니다. 요한은

'완전히 반대로' 누나가 먼저 자기를 화나게 했다고 말해요. 두 사람이 또다시 서로를 비난하기 시작할 우려가 있습니다. 그래서 엄마가 재빨리 끼어들며 말했어요.

"나는 너희한테서 무슨 일이 있었는지를 듣고 싶을 뿐이야. 누가 먼저 말해 볼래?"

아이들은 각자 자기 시점에서 어떤 일이 있었는지를 이야기합니다. 엄마는 아이들이 진술한 내용을 중립적인 단어로 요약해 줍니다. 물론 이때 아이들의 감정을 충분히 고려하면서요. 엄마는 요한의 말을 듣고 나서 요한에게 말합니다.

"그러니까 너는 이 프로그램을 보고 싶었는데 안나 누나가 채널을 바꿨고, 너를 '바보'라고 했다는 말이지. 그래서 네가 화가 났고. 그러니?"

그리고 안나에게는 이렇게 말합니다.

"너는 다른 프로그램이 끝났는지 알아보려고 채널을 돌린 건데 요한이가 반대했다는 말이지. 그리고 너를 '돼지'라고 했고. 그래서 화가 났다는 말이지. 이 말이 맞니?"

이 싸움의 해결법을 바로 떠올리기는 어렵다고 생각한 엄마가 아이들에게 묻습니다.

"이제 너희들이 싸움을 마무리하고 서로 화해하려면 어떻게 해야 할까?"

아이들은 서로 만족스러운 해결 방법을 함께 찾으려고 노력하게 됩니다. 이랬다저랬다 얘기가 몇 번 오가다 마침내 두 아이는 방법을 찾습니다. 안나가 다른 채널로 바꾸어 프로그램을 확인하고 나면, 그 후에는 요한이 먼저 보기로 한 프로그램을 방해하지 않고 보기로 말이죠. 만약 꼭 보고 싶은 프로그램이 있다면 시작하기 전 서로 이야기해서 무엇을 볼지를 정하고요.

끝으로 엄마는 아이들에게 앞으로는 상대방을 '멍청이', '바보' 또는 '돼지'라고 부르는 것을 절대로 용납하지 않을 것이라고 명백히 말합니다. 또 서로에게 상처 줘서 미안했다는 사과를 주고받도록 하는 것도 잊지 않습니다. 이렇게 두 아이는 악수를 하며 평화 조약을 맺습니다.

아이들이 다투었다면 여러분은 안나와 요한의 엄마처럼 분쟁 조정자 역할을 해야 합니다. 여러분이 중립적인 위치에 있으며 어느 한 쪽이 나이가 많다거나 어리다는 것으로 자신을 다그치지 않을 거라는 믿음이 생기면 아이들은 감정을 잘 추스를 수 있을 거예요. 그리고 예시 상황처럼 중간에 또다시 다툼이 시작될 수도 있으니 꼭 주의해야 합니다.

싸움에는 항상 두 사람이 있다

"네가 먼저 시작했잖아!" "아니. 네가 먼저 그랬어!" 싸우게 된 아이들은 싸움의 발단을 서로에게 떠넘깁니다. '누가 먼저 싸움을 걸었는가'는 새로운 불화의 씨가 될 수 있습니다. 이걸 막으려면 어떻게 해야 할까요? 분쟁조정자이자 두 아이의 엄마인 크리스티나 헨리Kristina Henry[12]는 이렇게 하기를 권합니다.

"여러분이 아이들 싸움을 중재하려면 '아이가 무엇을 했기에 싸움을 하게 되었는지'를 각자 이야기하게 해야 합니다. 또한 양쪽에게 '그렇다면 이번에 너 때문에 싸우게 된 부분은 어디라고 생각하니?'라고 물어야 하죠."

보통 다른 사람의 실수나 잘못은 빨리 찾아냅니다. 그러나 자기도 싸움에 기여를 했다는 사실을 인정하기는 어려워합니다. 하지만 충분히 기다려 주면 곧 "제가 리모컨을 빼앗었어요", "사실은 제가 기분 나쁜 말을 했어요"라고 이야기할 거예요. 서로에게 사과하고 화해하는 것보다 중요한 것은 없습니다. 아이들이 사과를 할 수 있게 되면 생각보다 더 많은 능력을 발휘해서 쉽게 갈등을 해결할 수 있게 됩니다. 아울러 싸움이 벌어진 과정에서 분명 자기에게도 어느 정도 책임이 있다는 것을 깨달을 수도 있어요.

부모의 사랑을 얻기 위한 줄다리기

13살 은주와 10살 지영이는 부모와 함께 각자 해야 할 집안일에 관해 대화를 나누었습니다. 그런데 두 아이 모두 만족스러워하지 않았어요.

"지영이는 쓰레기통만 비우면 되는 거예요? 기껏해야 일주일에 두 번이잖아요. 근데 저는 맨날 설거지를 하라고요?"

은주가 불만스러워하자, "그렇지 않아!"라며 곧바로 동생이 항의했습니다.

"언니는 점심 때 항상 집에 없잖아. 점심 설거지는 매번 나한테 도와달라고 했어."

"일주일에 두 번 학원가는 거거든? 내가 가고 싶어서 가냐? 그리고 네가 엄마를 돕는다고? 퍽이나, 기껏해야 딸랑 접시 두 개만 씻는 거잖아!"

이 주장을 듣고 엄마가 조심스럽게 반대의견을 내놓자 은주는 더욱 격렬하게 항의했습니다.

"아, 엄마는 맨날 나한테 '언니니까'라고 말하죠!"

그러고는 벌떡 일어나 꽝 소리 나게 방문을 닫아 버렸습니다.

엄마 아빠가 예뻐하는 애는 누구?

은주의 태도에서 동생과 싸움의 원인이 결코 집안일이 아니라는 것을 알 수 있습니다. 엄마가 싸움에 개입을 한 순간 이 같은 사실이 명백히 드러났죠. 형제 싸움에서 종종 이런 현상을 볼 수 있습니다. 이런 현상은 주로 부모가 싸우고 있는 아이들 사이의 균형을 잡기 위해 중재하려고 할 때 두드러집니다. 아이들이 싸우게 된 배경을 알아보면 예시 상황처럼 사실 부모의 사랑을 두고 아이들이 벌이는 줄다리기인 경우가 많습니다.

아이들은 모두 부모의 사랑을 나눠 갖는 것을 싫어합니다. 사랑을 독차지하고 싶어 하죠. 그런데 형제가 생기면 부모의 애정과 관심을 두고 다른 형제와 끊임없이 다투게 됩니다. 아이는 무의식적으로 부모가 다른 형제와 지내는 것을 두고 자신과 비교하며 바라봐요. '엄마가 누구를 더 자주 부르지? 아빠는 누구를 더 많이 칭찬하지?' 그리고 다른 형제에 비해 자신이 불리한 입장이라는 것을 알게 되면 아이가 느끼는 상심과 씁쓸함은 매우 커집니다.

아이가 느끼는 이러한 감정을 두고 다들 그렇게 자라는 거라며 넘기지 말고 이해해야 합니다. 질투심은 상당히 큰 상처를 줄 수 있습니다. 스스로에게 한번 솔직해져 봅시다. '아이가 그런 질투심을 가질 만한 구체적인 이유가 있나? 유독 한 아이에게 애정과 관심을 쏟았나?' 그렇다면 앞으로는 아이에게 향한 애정과 사랑이 균형을 이루도록 부모부터 노력해야 합니다. 특히 기회가 있을 때마다 모든 아이들에게 사랑한다고 말하고 또 이를 확신시켜 주어야만 해요.

힌트 도전! 구슬 실험

부모가 아이의 긍정적인 태도를 눈치 채고 그걸 구체적인 말로 아이에게 반응해 주는 것이 얼마나 중요한지 이미 앞에서 한 번 다뤘어요. 그 말하기 방법을 여러분이 얼마나 공정하게 활용하고 있는지, 여러분이 아이들을 정말 동등하게 대하고 있는지를 다음과 같은 실험으로 직접 확인해 볼 수 있습니다.

아침에 장난감 구슬 몇 개를 주머니에 넣어 놓으세요. 구슬의 숫자는 똑같아야 하고, 아이를 구분할 수 있도록 색깔은 달라야 합니다. 만일 아이가 둘이면 노란 구슬 다섯 개와 파란 구슬 다섯 개를 준비하는 거예요. 그리고 아이가 긍정적인 태도가 보일 때마다 그 아이를 인정하는 말로 피드백을 해 주세요.

"숙제하라고 안 했는데도 스스로 숙제를 하네. 아주 잘했어."

"다른 사람을 방해할까 봐 소리를 줄였구나. 아휴, 기특해라!"

이렇게 말할 때마다 주머니에서 구슬을 꺼내 다른 곳에 두세요. 이 실험을 아이들이 알 필요는 없어요.

구슬의 개수가 동일한가요? 아니면 어느 한 쪽이 많이 남았나요? 하루 동안 구슬을 모두 써야 하는 것은 아니지만, 가능한 한 아이들의 구슬을 동일하게 사용했어야 해요. 이 구슬 실험으로 여러분은 객관적인 결과를 확인할 수 있습니다. 더욱 확실한 결과를 알려면 다른 사람에게 구슬 세는 것을 맡겨도 좋아요. 종종 이 구슬 실험을 이용해 아이들을 고르게 칭찬하는 연습을 해 보세요. 이 연습은 아이에게 관심과 사랑을 공평하게 주는 데 도움이 됩니다.

질투심을 솔직하게 공감하며 마주하라

아이들이 여러분의 사랑과 애정을 받으려고 서로 다투면 어떻게 해야 할까요? 또는 아이가 여러분에게 직접 "나보다 동생을 더 사랑해요?"라고 묻는다면 어떻게 해야 할까요?

아이의 이런 질문에 "아니, 둘 다 똑같이 사랑하지!"라는 대답으로 무마해서는 안 됩니다. 이것은 솔직히 말해서 사실과 다르니까요! 부모가 모든 아이를 완벽히 동등하게 대한다는 것은 거의 불가능합니다. 왜냐하면 아이는 각기 다른 독자적인 특성이 있는 존재기 때문에 부모는 아이마다 다르게 대할 수밖에 없습니다. 게

다가 엄마와 아빠는 어떤 이유에서든 어떤 아이와 보다 특별한 관계를 형성하게 됩니다. 즉 실제로 어떤 아이를 더 특별히 대우하는 일이 종종 생기곤 해요.

바로 이런 경우, 아이를 똑같이 대하지 않는 이유에 대한 물음에 부모는 솔직하게 답해야 합니다. 어떤 부모들은 자신이 아이들을 다르게 대했다는 사실조자 전혀 인지하지 못하는 경우가 많습니다. 아이에게 이런 놀라운 질문을 받았을 때는 솔직하게 설명하는 것이 도움이 됩니다. 당장에 대답하기 어렵다면 시간을 들여 고민을 해 볼 필요가 있어요. 어느 정도 정리가 되었다면, 예를 들어 이렇게 말해 볼 수 있을 거예요.

"네 여동생은 어려서 몇 달 동안이나 매우 아팠었어. 그때 네 동생이 잘못될까 엄마는 정말 무서웠어. 그래서 지금도 건강이 걱정돼서 옷을 따뜻하게 입었는지, 제대로 식사를 하는지 신경 쓰는 거야. 다행히 너는 건강하고 동생보다 많이 아프지 않아서 엄마는 정말 기뻤어. 네가 잘못될까 봐 두려워하지 않아도 되었으니까 신경을 덜 쓰는 거야. 하지만 네가 잘 지내고 건강하게 자라는 것도 나한테는 똑같이 중요해."

모든 아이를 똑같이 대하는 것은 가능하지도 않고 꼭 그래야 할 필요도 없습니다. 오히려 아이의 특성을 무시하는 결과가 나올 수 있으니까요. 대신 "내가 종종 너한테 다르게 대해도 나한테 너는 네 동생만큼 아주 소중해. 나한테 너는 세상에서 딱 하나밖에 없거든. 아무도 네 자리를 대신 할 수 없어"라는 것을 아이에게 알려 줘야 합니다.

힌트

아이에게 딱 맞는 이벤트 OPEN

형제 사이에서 질투가 생겼을 때는 아이들 각자를 위한 이벤트를 열면 도움이 됩니다. 이 이벤트는 규칙적으로 어떤 특정한 시간에 이루어져야 해요. 이를테면 일주일 중 어느 특정 요일에 시간을 정해 약속하는 거예요. 이 이벤트는 당사자인 아이뿐만 아니라 부모인 우리에게도 중요한 의미가 있습니다. 어떤 아이는 여러분과 함께 찍은 옛날 사진들을 보면서 그 추억이나 기억을 나누는 것을 좋아하는 반면에, 다른 아이는 여러분과 함께 자기가 좋아하는 놀이를 하고 싶어 할지도 몰라요. 이렇게 부모와 단 둘 만의 시간을 보내는 것을 아이들은 매우 만족스러워합니다. '엄마나 아빠가 오로지 나만을 위해 여기에 있으며, 함께 있는 것을 나만큼 즐거워한다'는 생각을 하게 될 거예요.

똑같은 이벤트를 각각 아이들과 진행해도 좋아요. 단 각자 따로 해야 한다는 것이 중요합니다. 예를 들어 잠자는 시간이 되면 미리 약속한 아이의 방으로 가서 아이와 함께 오늘 하루를 어떻게 보냈는지 대화를 나누는 거예요. '오늘 기분 좋은 일 있었어? 어떤 일이 잘 안 되었어?' 이렇게 하다 보면 바쁘고 번잡했던 하루 일과에서 자칫 잊힐 뻔했던 아이의 일들을 알게 될 수 있어요. 또한 잠재된 문제나 내면에 들끓고 있는 갈등들을 보다 쉽게 찾아내 해결할 수도 있습니다.

모든 아이를 공정하게

공정한 대우는 동등한 대우와는 다소 다릅니다. 유독 한 아이에게 특혜를 베풀지 말아야 한다는 걸 유의하세요. 이런 부모들의 특별대우는 아이들이 어릴 때부터 은연중에 시작됩니다. 부모는 전혀 그럴 의도가 아니었어도 아이들은 다르게 받아들일 수 있어요. 예를 들어, 간식을 고를 때 한 아이가 먹고 싶어 하는 것으로 결정한다거나 또는 음식을 나누어 줄 때 다른 아이에게 조금 더 주는 것을 차별이라고 생각하게 돼요. 따라서 아이들이 생일이나 크리스마스 때 선물을 원한다면 허용할 수 있는 가격의 제한을 두는 것이 좋습니다. 그리고 이 가격은 모든 아이에게 동등해야 합니다. 아이가 원하는 선물의 가격이 한도를 넘어갈 경우 선물을 사고자 하는 아이가 나머지 금액을 내도록 하는 방식도 있고요.

여러분이 아이들을 대할 때 아주 정확하게 공평했다고 생각해도 종종 아이들은 불공정하다고 느낄 수 있습니다. 아이들이 가정에서 누릴 수 있는 권리와 해야 할 의무는 아이의 나이에 걸맞게 정해야 하기 때문에 여러분은 아이마다 각각 다른 역할을 지정할 수밖에 없을 거예요. 그런데 아이들은 이 부분에서 특히 불공평하다고 느낄 수 있습니다. 그래서 형제들 중 제일 나이가 많은 아이는 종종 자기가 동생보다 집안일을 더 많이 한다고 불평을 하게 돼요. 물론 자신이 제일 나이가 많기 때문에 어린 동생과 달리 좀 더 오래 깨어 있어도 된다는 사실은 당연히 생각하지 않고서 말입니다.

이럴 때 1부 6장에서 나왔던 가족회의를 열어 의견을 듣고 해결 방법을 찾는 것이 효과적일 수 있습니다. 가족회의는 가족 구성원 모두의 자격이 동등하고 만장일치로 동의할 때만 결론을 내릴 수 있다는 것을 기억하고 계신가요? 만약 아이들이 각자 자기에게 주어진 집안일에 동의할 수 없다면 이 주제를 가족회의의 안건으로 상정해 보세요. 그리고 여러분은 편안히 등을 기대고 앉아 가족회의에 참석하면 됩니다. 왜냐하면 집에서 해야 할 일 가운데 각자 자기에게 적합한 일이 무엇인지를 찾는 일은 누구 혼자만의 일이 아니라 아이들이 스스로 생각해야 하는 일이기 때문이에요. 아이들 스스로 '이 정도는 거뜬해!'라고 말하는 일을 제안하게끔 하고, 모두 의견이 일치하는 방안을 찾을 때까지 서로 협상을 하도록 해야 합니다. 이렇게 가족회의를 열어 결정했을 때 가장 좋은 점은 아이들이 직접 참여해서 스스로 결정을 내렸기 때문에 아이들이 불평할 염려를 하지 않아도 된다는 것이죠!

5

"학교 가기 싫어!"

- 학업 스트레스

학교는 다른 말로 '스트레스'입니다. 아이에게뿐만 아니라 부모에게도 마찬가지예요. 부모에게 있어 교육은 아이가 청소년기를 지나 성인이 될 때까지 아주 긴 시간 동안 고민하고 관심 갖게 되는 분야입니다. 아이들은 의무적으로 일정 기간 아침에 학교를 가야 하고, 부모인 여러분은 아이가 성실하게 공부하기를 바라죠. 하지만 여러분이 아이를 자극해서 학구열을 높이려 할수록 아이는 심하게 저항하게 됩니다.

이런 학업 문제는 부모와 자녀들이 겪는 전통적인 갈등 주제에 속합니다. 한 여론조사에 따르면 초등학생을 둔 가정의 50% 이상이 학업과 숙제 문제로 일주일에도 한 차례 이상 다툰다고 해요.

'학생의 의무'라는 말은 소용없다

11살 재형이는 숙제를 하러 방으로 갔습니다. 적어도 재형이는 그렇게 대답했어요. 그러나 아들을 아주 잘 아는 저는 '숙제를 하라고 경고를 하지 않았는데 재형이가 자발적으로 숙제를 할 리가 절대 없다는 것을 알고 있었죠. 그래서 15분 정도 지났을 무렵 슬쩍 방으로 가 봤어요. 정말로 숙제를 하는지 알아보기 위해서요. 아니나 다를까, 예상이 한 치도 벗어나지 않았습니다. 재형이는 침대에 벌렁 누워서 스마트폰 게임에 빠져 있었어요. 그런 모습에 한심하다는 생각이 절로 들더라고요. 저는 고개를 절레절레 흔들면서 항상 하는 말을 시작했어요.

한 귀로 듣고 한 귀로 흘리기

"내가 수백 번도 넘게 말했지. 게임하기 전에 먼저 숙제부터 하라고……." 엄마가 매일같이 재형이에게 한 말은 아마도 이런 문장일 거예요. 지금까지 아들의 행동에 아무런 변화가 없었기 때문에 엄마의 말투가 점점 신경질적으로 변하는 것도 무리는 아닙니다. 그러거나 말거나 재형이는 엄마의 불평과 잔소리를 듣는 둥 마는 둥 했죠.

거창한 말로 경고를 한다고 해서 도움이 되지는 않아요. 거의 모든 부모들은 경험으로 이미 잘 알고 있을 겁니다. 그래서 대부분 한 번쯤은 태도를 바꿔서 아이에게 친절하고 상냥한 목소리로 요청해 보기도 했을 테죠. "이제는 좀 숙제를 해야지?"

하지만 그래도 아이가 전혀 반응을 하지 않으면 다음에는 좀 더 강한 어조로 요구하게 됩니다. 어쩌면 이번에는 화가 묻어난 목소리로 말이에요. "내 말 못 들었어? 엄마/아빠가 숙제하라고 했잖아!" 아이의 태도에 변화가 없으면 부모의 말투는 거칠어지고 목소리도 점점 커져, 어느 새 욕설과 고함으로 바뀔 거예요. 하지만 아무런 결과도 얻지 못합니다. 기껏해야 부모로서 아이의 교육에 실패했다는 자책과 양심의 가책만 남고 마는 거죠.

명백한 통보 그리고 끝!

끊임없이 경고를 하는 것보다 명백한 문장으로 통보하는 것이 더 효과가 좋습니다. 부모로서 분명하게 그리고 확실하게 말하세요. 신경질적이거나 위협적인 목소리로 말해서는 안 됩니다. "네가 제때 축구 연습을 하러 가려면 늦어도 4시까지 숙제를 다 마쳐야겠는걸?" 이렇게 여러분은 아이에게 숙제를 마쳐야 할 시간을 정해 준 거예요.

그렇게 말하고 아이의 방을 나가세요. 아이가 숙제를 하는지

어쩌는지 확인하고 싶겠지만 가능한 한 그렇게 하지 말아야 합니다. 아이에게 책임을 맡겨 두세요.

힌트   **통제 대신 신뢰해 보세요**

아이들은 대부분 부모가 평소에 보이는 태도와 방식을 보고 그에 따라 반응합니다. 아이가 실제로 의무를 실행했는지 끊임없이 통제할 경우 아이는 자발적으로 나서서 자기가 해야 할 일을 하기보다는 오히려 여러분이 그것을 요구할 때까지 기다렸다가 그때서야 하는 경향을 보입니다. 그럼 아이의 일에 대한 책임이 아이가 아닌 부모에게 달려 있게 되고 말아요.

따라서 먼저 이런 익숙한 구조를 깨뜨려야 합니다. 그러기 위해서는 일단 새롭게 말을 꺼내세요. "네가 조용히 숙제를 할 수 있도록 나는 밖으로 나가 있을게. 4시까지 숙제를 다 마치면 다른 건 축구하고 난 다음에 해도 좋아." 만약 아이가 여러분의 말을 따른다면 축구 연습 전까지는 꼼짝없이 숙제를 해야 할 테니 아이가 텔레비전이나 컴퓨터를 이용하는 시간이 줄어든다고 떼를 쓸지 몰라요. 그렇다고 해도 아랑곳하지 말고 '축구 연습 가기 전까지 숙제를 끝내기'라는 의무가 지켜지도록 해야 합니다.

숙제 지도는 이렇게!

초등학생에게 숙제를 통제한다는 것은 어떤 모습일까요? 8살부터 13살에 해당되는 초등학생이 집에서 스스로 숙제를 해내기를 기대하기는 아직 어려워요. 따라서 선생님들은 부모에게 아이가 숙제를 할 때 옆에서 지도해 달라고 합니다.

어린 초등학생이 숙제를 할 때 부모가 지켜보면 아이는 자신의 공부에 스스로 책임을 가질 수 있고, 또 스스로 하도록 자극하고 격려하는 데 도움이 됩니다. 특히 1~2학년에 다니는 저학년의 경우 작더라도 스스로 일궈 낸 성공을 아이가 경험할 수 있도록 해야 합니다. 그래야만 숙제 같은 달갑지 않은 의무를 받아들일 동기가 생긴답니다.

따라서 아이가 해야 하는 숙제의 분량을 조금씩 여러 부분으로 나눠서 할 수 있도록, 학습 일정표를 작성하는 방법을 추천해요. 그리고 쉬운 숙제와 어려운 숙제 중 어느 것을 먼저 시작하고 싶은지 아이에게 선택하게 하는 거예요. 대부분 아이들은 가장 쉬운 것을 선택하겠죠? 왜냐하면 쉬운 숙제는 빨리 끝낼 수 있고 또 자신이 뭔가 해냈다는 기분 좋은 성취감을 느낄 수 있기 때문입니다. 아이가 숙제를 하나씩 끝낼 때마다 표에다 적어 둔 그 숙제 부분을 두꺼운 색연필이나 사인펜으로 칠해서 시각화하는 것도 좋습니다.

아이가 숙제를 하는 동안에 여러분은 아이 옆에 너무 딱 붙어 있지 말아야 합니다. 부모가 한시도 떨어져 있지 않고 지켜보면 아이들은 방해받는다고 느껴요. 따라서 아이가 열심히 숙제할 때는 아이 근처에 있으시되, 여러분의 일을 하고 있으세요. 그런 뒤 마지막에 아이가 숙제를 제대로 했는지만 확인하면 됩니다.

숙제를 다 마치기도 전에 아이의 열정이 점점 줄어드는 것 같으면 알람시계나 학습 타이머 같을 것을 두고 아이를 격려할 수도 있습니다. 또는 아이의 친구를 집으로 초대해서 같이 숙제를 하는 방법도 있어요. 또는 2학년 딸을 둔 한 엄마가 성공한 실험을 여러분도 시도해 볼 수 있을 거예요. 함께 볼까요?

"우리 집도 예전에는 숙제 때문에 항상 소동을 피우곤 했어요. 아이가 의자에 오래 앉아 있지도 않았지만 일단 숙제를 시작하도록 만드는 것도 여간 힘든 게 아니었어요. 마침내 의자에 앉히고 숙제를 시작하게 만들기까지 매일매일 많은 시간 실랑이를 벌여야 했죠. 아이가 숙제하는 걸 지켜보는 동안에는 아무것도 할 수 없었어요. 그러던 어느 날 신박한 아이디어가 하나 떠올랐어요.

이웃집에 아이의 같은 반 친구가 살고 있었는데, 그 친구네 집과 저희 집은 왕래가 잦은 편이었어요. 제가 실행한 방법은 간단합니다. 친구네 엄마랑 얘기해서 아이들이 숙제하는 시간에 서로의 아이를 집으로 초대하는 거예요. 그러니까 딸은 이웃집으로 보내고, 이웃집에 사는 친구는 우리 집에 와서 숙제를 하는 거죠! 그랬더니 일이 술술 잘 풀리는 거예요. 우리 집에 온 친구는 공간 자체가 익숙하니 의외로 편하게 앉아 숙제를 했어요. 숙제를 시키는 데들던 품도 굉장히 많이 줄었고요. 그리고 아이 친구에게 칭찬할 때마다 아이도 기뻐했어요. 그러나 무엇보다 놀라운 것은 친구네 엄마가 말하기를, 우리 딸도 아무런 문제없이 술술 숙제를 했다는 거였어요!"

모든 아이들은 실수를 한다

아이가 한 숙제를 슬쩍 보니 실수투성이입니다. 어떻게 해야 할까요? 이럴 땐 '고치려 하지 말고 격려하기' 같은 아주 간단한 원칙이필요합니다. 틀린 철자, 틀린 맞춤법, 틀린 계산을 손가락으로 지적하며 가리키지 마세요. "2번, 4번 틀렸어. 다시 한번 해 봐"라는식으로도 안 돼요. 그 대신 당신의 아이가 좌절하지 않고 새로이용기를 얻을 수 있는 말을 해 주세요. "벌써 네 개나 정답을 맞혔어. 아주 잘 했어. 나머지 두 문제도 할 수 있을 거야!"

틀린 숙제를 매번 지적하며 고쳐 주면 아이는 스스로 배우고연습하는 것에 흥미를 잃습니다. 9살 승환이가 그랬던 것처럼 말이에요. 승환이의 아버지가 낸 아이디어를 볼까요?

"원래 승환이는 영어 공부를 할 때 영어 동화책을 큰 소리로 발음하며 읽는 걸 좋아했어요. 발음 연습을 하는 데 소리 내 읽는 것만큼 좋은 게 없으니, 저희 부부도 그걸 열심히 응원해 주었죠. 그런데 언젠가부터 아이가 그 빈도수를 줄이더니 끝내는 숙제 때문에 마지못해 읽는 모습을 보였습니다. 사실 승환이가 공부를 할 때마다 제가 옆에서 아이가 버벅거리거나 잘못 읽는 것을 그때그때 고쳐 주었거든요. 왜 그런 허튼 짓을 했었는지… 아이는 그게 신경이 쓰이고 부담스러웠나 봐요.

그래서 제가 아이에게 먼저 제안을 했습니다. 바로 '쉬잇!' 규칙이에요. 승환이가 책을 읽기 전에 저를 보며 입술에 손가락을 대고 '쉬잇!' 하는 동작을 하는 건데, 그럼 저는 먼저 말을 해서는 안 되고 아이가 물어볼 때만 말을 할 수 있어요. 읽기가 다 끝나면 그때부터는 다시 말을 해도 되고요. 그렇게 한 이후부터는 제가 승환이의 실수를 더 이상 수정할 필요가 없어졌어요. 왜냐하면 아이는 자기가 읽다가 틀리거나 실수를 하면 스스로 그 문장을 여러 번 다시 읽었으니까요."

호우주의보! 비 내리는 시험지

　기나긴 겨울방학이 끝나고, 드디어 친구들을 만나는 새 학기! 13살 창호는 학교 가는 날만을 목이 빠져라 기다렸습니다. 하지만 지금은 비 맞은 강아지처럼 처량한 모습으로 아빠 앞에 앉아 있습니다. 바로 기초학력 진단평가 결과가 나왔기 때문이었어요. 아빠는 이마를 찡그리며 결과표를 뚫어져라 쳐다보고 있습니다.

　"수학 미도달, 영어 미도달, 국어 미도달… 세상에! 인간적으로 최소한 국어는 괜찮았어야 하는 거 아냐? 이게 뭐니? 평소에 열심히만 했어도 이렇진 않았을 거 아니야?"

나쁜 성적에도 이유는 많다

　아이가 낮은 성적표를 들고 오면 대부분 부모들은 아이의 학구열이 낮아서라고 여겨요. 그래서 곧바로 공부하라고 아이를 바싹 조이기 시작합니다. 방학 동안에 열심히 했어야 한다고 윽박지르고, 그래야 뒤떨어진 성적을 만회할 수 있고 다른 아이들을 따라잡을 수 있다고 하면서 말이죠. 그러나 아이의 성적이 나쁜 것은 단지 아이의 부족한 학구열 때문이 아닙니다. 다른 문제일 가능성도 얼마든지 있어요.

　우선은 집에서 공부할 수 있는 환경이 아이의 욕구에 맞지 않아서일 수 있습니다. 대부분 부모는 아이에게 가서 공부하라고 먼저 얘기를 꺼냅니다. 의도는 좋지만 부모의 강요는 아이의 학습의지를 촉진시키는 것이 아니라 오히려 방해할 때가 많습니다. 따라서 아이에게 강요가 아닌 어느 일정 시간까지, 이를테면 점심식사 시간이 끝날 때까지는 숙제를 마쳐야 한다고 요구하세요. 그리고 숙제를 다 할 때까지 아이에게 의자에 앉아 있으라고 하세요. 아이가 공부할 때 학습 환경에 방해가 될 만한 소음을 차단해야 한다는 것도 유의해야 합니다.

어떤 아이들은 점심식사 후 곧바로 공부를 시작하지 못하고 먼저 휴식을 필요로 합니다. 특히 나이 어린 아이에게는 오랫동안 의자에 앉아 있는 것이 어렵습니다. 그런 아이들은 공부나 숙제를 하는 중간 중간 몸을 움직일 수 있도록 휴식 시간이 있어야 합니다. 그리고 소음에 대해서 말해 보자면 공부를 하는 동안 가사가 없는 음악이 있을 때 공부를 더 수월해하는 아이들도 있어요.

막연한 두려움도 아이의 학습을 방해합니다. 학교에 대한 막연한 두려움, 시험을 망칠 거라는 걱정 또는 특정 선생님에 대한 공포 등이 성적에 영향을 미치고, 앞서 2부 1장에 나온 것처럼 학교나 학원 친구들의 조롱이나 놀림도 학습 능력에 많은 영향을 준다는 것을 잊어서는 안 됩니다.

이외에도 많은 아이들이 학습에 집중하지 못하는 어려움을 겪습니다. 그 원인은 매우 다양해요. 어떤 아이는 좀 더 효과적인 자신만의 학습 방법을 찾지 못한 것일 수도 있어요. 공부에 집중할 수 있는 자기만의 공간이 없어서일 수도 있고요. 또는 '주의력 결핍증ADD/ADHD'을 겪는 아이들도 있습니다. 이런 아이들은 오랫동안 주의를 기울이거나 어떤 일에 목표 지향적으로 행동하기가 대단히 어렵습니다. 쉽게 딴 짓을 하고 행동이 차분하지 않고 불안정해요. 이렇게 외부 환경이 원인이 아니라면 아예 다른 차원의 접근이 필요해집니다.

학습 향상을 위한 전략

아이의 성적이 무엇 때문에 나쁜지 그 원인에 따라 부모의 대처 방법은 다양합니다. 따라서 아이에게 원하는 학습 조건이 무엇인지 한번 물어보세요. 어떤 환경에서 아이가 가장 수월하게 집중하는지를 알아내야 합니다. 또 여러 학습 방법을 시도해 보는 것도 좋아요. 암기를 할 때 가만히 앉아서 하는 것보다 서서 몸을 움직여 볼 수도 있어요. 처음에는 이런 방법이 낯설게 느껴지겠지만 가벼운 움직임은 육체뿐만 아니라 정신에도 활기를 불어넣습니다.

학습을 이어 가는 호흡을 짧게 잡는 것도 하나의 방법이에요.

6~7살 아이들은 15분 공부를 하고 5분의 휴식을 취하는 게 집중력을 높이는 데 매우 효과적입니다. 이런 방식의 학습법이 바로 '뽀모도로 학습법'입니다. 25분간 집중한 뒤 5분간 가벼운 휴식을 취하는 것을 한 세트로 보고, 이 세트를 총 4번 반복한 뒤에는 30분 동안 푹 쉬는 거예요. 학습 연령이 높아지고 이 호흡에 익숙해진 아이라면 집중 시간을 50분으로 늘리고 휴식시간을 10분 갖는 것을 한 세트로 조절해도 좋습니다. 뽀모도로 학습법은 확실하게 쉬는 시간을 보장하기 때문에 집중력을 두 배 이상 높일 수 있어 성인에게도 효과가 좋은 집중력 향상법입니다.

집중력 문제가 있는 아이들은 무엇보다 명확한 학습 구조와 과정이 중요합니다. 흔히 하는 방법과 달리 이런 아이들의 경우 숙제를 할 때 가장 어려운 과제부터 시작해야 해요. 왜냐하면 집중력은 대개 시간이 지나면서 떨어지기 마련이라, 후반에 진행한 과제에는 초반보다 신경을 덜 쓰게 되기 때문이에요. 그리고 학습 공간을 깨끗하고 정리 정돈된 상태이게끔 신경을 써 주세요. 아이의 시선을 빼앗을 수 있는 요인들은 가능한 한 적어야 합니다. 아이가 숙제를 할 때 음악을 듣고 싶다고 하면 학습에 방해되지 않는 음악을 아이와 함께 골라 틀어 주세요.

혹시 낮은 성적의 과목을 방학 기간을 이용해 좀 더 공부시키고 싶으신가요? 그래서 방학 동안에 아이에게 학원 특강을 한두 개쯤 더 듣게 하고 싶을지도 모르겠군요. 어떻게 해야 할까요? 이 시기를 꼭 놓쳐선 안 된다면 모르겠지만, 되도록 하지 말라고 권하고 싶습니다. 당신에게 휴가가 필요하듯이 아이에게도 방학이 필요합니다. 휴가를 온 여러분이 바다를 코앞에 두고 업무 메일을 처리해야 한다면 어떻겠어요?

만약 여러분이 보기에 아이가 학습 환경과 관련해 무엇인가를 두려워하는 것 같다면 아이와 대화를 통해 원인을 알아내야 합니다. 중간에 끼어들거나 말을 가로채지 말고 충분히 시간을 들여 아이가 이야기를 털어놓을 수 있도록 하고, 당신이 아이의 문제를 진지하게 받아들이고 있음을 보여 주세요.

힌트   **보상을 준다면 제대로 줘야 해요**

"이번 성적이 좋으면 용돈 올려 줄게! / 갖고 싶은 거 사 줄게!" 아마도 많은 부모들이 이런 공수표를 던질 거예요. 아이에게 학습 동기를 줄 것이라고 믿기 때문입니다. 그러나 아이가 여러 명인 경우, 이런 방법은 좋지 않은 결과를 낳습니다. 부모는 당연히 아이의 성적에 따라 액수를 다르게 할 것이고 그럼 형제간에 경쟁심이나 시기심만 강화되기 때문이에요. 또한 그 물질을 손에 넣자마자 불타던 학구열이 바로 휘발될 수도 있습니다.

아이가 좋은 점수를 받았을 때는 돈을 주는 대신 함께 놀이공원을 간다든지, 주말 소풍을 가는 등 특별한 경험을 다 같이 공유하는 방식으로 축하해 주세요. 당신의 아이는 가족과 특별한 시간을 갖게 되고, 지난 학습 기간 동안에 기울였던 자신의 열정과 노력을 부모가 인정한다는 기분 좋은 확인을 할 수 있게 됩니다.

학교를 땡땡이쳤다고?

몇 주 전에 새 학년이 시작되었습니다. 그때부터 13살 서연이의 행동이 조금 이상했습니다. 아침마다 몸이 좋지 않다고 하는 거예요. 하루는 배가 아프다고 하더니 토할 것 같다고 하고, 또 하루는 머리가 아프다고 했습니다. 솔직히 아이의 행동이 점점 의심스러워졌어요. 오늘 아침에도 서연이는 아프다는 핑계를 댔어요. 학교에 못 가겠다는 아이의 말을 이번만큼은 단호히 거절하고 딸아이를 학교에 보냈습니다. 다음 날 선생님에게 전화가 왔습니다. 서연이가 어제부터 학교에 오지 않았다는 것입니다.

문제 행동 뒤에 가려져 있는 마음

아이가 부모 몰래 학교를 빼먹는 이유는 다양합니다. 가장 흔한 이유는 두려움이죠. 선생님에 대한 두려움 때문에 아이가 학교를 빠지는 일이 종종 생겨요. 담임 선생님이 거의 전 과목 수업을 도맡아하는 초등학교에만 국한된 것이 아닙니다. 과목마다 담당 선생님이 따로 있는 상급 학교에서도 아이가 한 선생님 또는 여러 선생님들과 잘 지내지 못하는 경우가 제법 많습니다. 만일 새 학년 초에 학교에 대한 아이의 행동이 전과 다르다면 새로운 선생님과 관련되었을 수 있습니다. 같은 반 친구들에 대한 두려움도 땡

땡이를 치는 원인 가운데 하나예요. 같은 반 아이들을 못살게 굴거나 유독 한 아이를 타겟으로 삼아 괴롭히는 학생들이 있으니까요. 이 이야기는 뒷부분에서 더 자세하게 다룰 거예요.

그 밖의 문제는 학교 수업을 못 따라 가거나 그로 인해 나쁜 점수를 받을까 하는 두려움입니다. 새로운 학년으로 진급했을 때 특히 이런 두려움을 느끼는 학생들은 상당히 많습니다. 그러나 학교를 빼먹는 것으로 해결될 문제가 아닐뿐더러, 학교를 가지 않고 수업을 제대로 듣지 않을수록 학업 성적은 더 떨어질 게 불 보듯 뻔합니다.

이외에도 부모가 이혼을 앞두고 있다든가 또는 가족의 구성원 가운데 누군가가 심하게 아프다든가 가족에게 힘든 일이 생겼을 때도 아이는 학교를 가지 않으려 할 수 있습니다. 아이에게 있어 가족이란 정신적인 지지대예요. 그리고 학업 문제는 먹고 자는 일보다는 확실히 부차적인 것이라고 생각하죠. 그러니 자신의 정신적 지지대이자 보금자리인 가족에게 큰일이 생겼다고 느낀 아이들은 '지금 학교에 갈 상황이 아니야'라고 생각하게 됩니다.

끝으로 청소년기에 접어든 아이들은 대부분 아무것도 하기 싫어하는 경향을 보입니다. 즉 단지 아무것도 하기 싫어서 그냥 학교 수업을 빠지기도 합니다.

가느다란 줄 위에 서 있는 기분

부모는 아이의 보호자로서 아이가 문제없이 규칙적으로 학교에 다닐 수 있도록 지원해야 합니다. 고등학교도 의무교육으로 제도가 바뀌게 된다면 만 18살이 될 때까지 모든 아이들은 학교에서 교육받을 권리와 의무가 존재하게 돼요. 물론 18살이 되기 전에 학교를 졸업을 할 수는 있습니다. 만약 아이가 무단으로 결석한다면 담임 선생님들이 보호자에게 우선 연락하게 되고, 학교의 면담에 보호자가 제대로 대응하지 않거나 차후에도 보호자의 교육적 방임이 연속적으로 반복될 경우 아동학대예방 매뉴얼과 가이드라인에 따라 보호자는 신고 및 처벌 대상이 될 수 있습니다.

하지만 부모가 등교를 거부하는 아이를 상대하는 것은 쉽지 않아요. 그럴 땐 무엇보다도 학교를 가지 않으려고 하는 원인을 철저히 찾는 것이 가장 중요합니다.

언제부터인가 아이가 학교에서 어떤 일이 있었는지 더 이상 아무런 말을 하지 않고, 수업을 마치고 학교에서 돌아왔을 때 표정이 좋지 않거나 아침마다 아프다고 하는 일이 잦은가요? 이런 초기 증상을 보인다면 그 즉시 아이와 대화를 시도해야 해요. 여러분이 대화를 하려는 근본적인 이유가 아이를 꾸짖거나 비난하려는 게 아니라 아이의 태도가 변한 원인을 찾기 위해서라는 점을 분명히 해야 합니다. 아이에게 이미 몇 차례 시도해 보았던 해결 방안을 제시하지 말고, 함께 해결할 수 있는 새로운 방법을 찾는 것이 좋습니다.

또한 담임 선생님과도 적극적으로 대화를 나누어야 합니다. 여러분의 입장에서 상황을 설명하고 나서 교사의 입장과 교사가 제안하는 해결 방안을 들어 보아야 해요. 문제가 발생한 지 얼마 되지 않은 시기라면 대부분 문제를 해결할 출구를 찾을 수 있을 겁니다. 마지막으로 만일 교사와 상담을 했는데도 끝내 해결 방안을 찾지 못할 때는 학교를 바꾸는 방법도 생각해 볼 수 있어요.

조언

등교 거부를 흘려듣지 말 것!

사회 교육자이자 가정상담가인 레오니 파른바허와 소피 크릭코스는 등교를 거부하는 아이를 대할 때, 그 아이의 입장이 되어서 이해하려고 노력하는 것이 그 무엇보다도 중요하다고 말합니다.

"등교 거부에는 항상 이유가 있어요. 아이가 복통, 구토, 두통 등을 호소한다면 어떤 일에 대한 심리적 결과로 생긴 증상일 수 있습니다. 따라서 아이의 이런 괴로움을 반드시 진지하게 받아들여야 합니다."

앞에서 언급한 것처럼 학교에서 연락이 오거나 갑작스런 아동 보호 전문기관의 방문과 같은 심각한 상황을 예방하기 위해서 일단 아이가 아프다는 것을 학교에 알려야 합니다. 만일 아이에게 정말로 심리적, 정신심리학적 문제가 있다면 소아과 의사가 이에 대한 진단서를 발행받으세요. 그러나 그때까지는 아이가 등교를 거부하는 원인을 찾고 아이를 위해 만족스러운 해결 방안을 찾아야 합니다.

6

"개랑 정말 친구라고?"

- 문제가 많은 친구

취학 연령기가 되면 친구와의 우정이 점점 더 중요해집니다. 어렸을 때는 부모가 아이의 사회적 환경을 만들어 주고 좋은 친구들을 사귀도록 도울 수 있었지만 이제는 아닙니다. 취학 연령기의 아이들은 스스로 친구들을 고릅니다. 게다가 아이들은 뚜렷한 목표, 즉 자기에게 흥미를 보이거나 자기가 흥미를 느끼는 아이들 위주로 친구로 사귑니다. 물론 이전과 마찬가지로 아이의 사회적 접촉에 대한 부모의 역할은 마찬가지로 중요해요. 따라서 부모는 아이가 누구와 교류하는지를 잘 파악하고 있어야 합니다.

이런 우정이 괜찮을까?

며칠 후면 정후의 열 번째 생일입니다. 정후는 생일 파티에 초대할 친구들 목록을 만드느라 정신이 없었어요. 초대장까지 손수 만드는 정성을 보였죠. 옆에서 함께 초대장에 적힌 이름들을 살펴보다 깜짝 놀랐습니다. 명단에서 눈에 익은 이름이 보였거든요.

'진수라고? 혹시 그때 그 아이 아닌가? 학교에서 맨날 짝꿍이랑 싸우고 선생님한테 대들어서 벌 청소까지 받는다던…. 우리 정후랑 친한 사이였다고?'

저는 정후가 진수 같은 아이와 친하게 지내는 게 마음에 걸리더라고요.

백문이 불여일견

정후의 엄마는 오히려 이 상황을 다행이라 여겨야 해요. 왜냐하면 머지않아 그 친구를 실제로 만나서 어떠한 아이인지 직접 확인할 수 있으니까요! 사실이 아닐 수도 있는 의심스러운 소문들을 믿는 것보다 이렇게 직접 만나 보는 것이 훨씬 좋은 방법이에요.

부모들은 항상 아이가 주변에서 어떤 사람들과 사귀는지에 대해서 항상 관심을 가져야 합니다. 하지만 여러분이 정확하지 않은, 단지 추측에 불과한 편견으로 아이의 친구를 안 좋게 이야기하면 아이는 자신감을 잃을 거예요. 경우에 따라 부모가 반대하면 할 수록 아이는 그 친구와 오히려 더 강하게 결속할지도 모릅니다.

이렇다 저렇다 전해 듣는 것보다 여러분이 친구들을 실제로 마주하는 것이 아이에게는 더 긍정적인 효과가 있어요. 친구 관계를 좀 더 잘 알 수 있도록 여력이 될 때마다 아이가 새로 사귄 친구들을 집으로 초대하세요. 그런데 이 아이들의 태도가 정말로 여러분이 생각했을 때 문제적이라면 시간이 지난 뒤에 조용한 시간을 택해 아이와 그 점에 대해 이야기 나누는 것이 좋습니다. 적극적으로 아이의 말을 경청하다 보면 친구가 된 계기나 과정을 알게 될 거예요. 그럼 여러분 아이가 행실이 나쁜 친구의 무엇을 흥미롭게 여겼는지 그리고 그 친구와의 우정을 왜 중요하게 여기는지를 파악할 수 있습니다.

아이의 심정과 상황을 충분히 이해한 상태에서 대화한다면 아이는 새로 사귄 친구와의 우정을 비판적으로 바라보는 여러분의 입장을 다시 한번 곰곰이 생각할 수 있습니다. 또한 엄마나 아빠가 자신을 믿고 있다는 확신이 들면 아이는 친구와의 관계를 객관적으로 바라보게 돼요. 그럼 아이는 친구의 행동이 잘못되었거나 맘에 들지 않을 경우, 다음과 같이 반대 의견을 명백히 표현할 수 있게 됩니다. "나는 너를 좋아해. 하지만 네가 그러지 않았으면 좋겠어."

아이에겐 친구가 필요하다

사람은 누구나 친구가 필요합니다. 아이에게도 마찬가지예요. 사회성은 친구 관계에서 아주 크게 성장한다는 점을 항상 유념해야 합니다. 또래 집단에서의 관계는 가족 관계와는 아주 다릅니다. 친구는 서로를 동등하게 대하고 행동하기 때문에 아이들은 비교적 쉽게 또래 친구에게 자신들의 비밀을 털어놓거나 고민을 나누곤 합니다. 그러면서 아이들은 '함께라면 가능하다' 같은 공동체 의식을 형성하고 서로의 행동에 대해 중요한 의견도 주고받게 됩니다. 그 의견이 긍정적인 내용일 수도 있지만 부정적일 수도 있기 때문에 아이는 종종 친구의 말에 상처를 받기도 해요. 하지만 이런 과정을 통해 아이는 사회에서 한 사람으로서 자신의 역할을 발견하게 될 거예요.

그러니 아이가 학교 밖에서도 다른 아이들과 만나 공동체 활동을 할 수 있도록 북돋아 주세요. 아이가 새로운 친구들을 만날 수 있는 다양한 기회를 제공할수록 아이의 경험은 풍부해집니다. 취미 동아리나 청소년 단체 활동이 좋은 예시예요. 새로운 환경에서 또래 아이들이 자신을 일원으로 받아들인다는 걸 느끼면 아이의 자존감이 매우 높아지게 된답니다.

자연의 소중함과 리더십을 기르는
스카우트 활동!

'스카우트'는 여러분도 어렸을 때 한 번쯤은 들어 봤을 법한 익숙한 단체일 거예요. 스카우트는 1907년 영국인 장교 베이든 포우엘Baden Powell이 창립한 청소년 단체로, 종교나 정치와 관련이 없는 사회 교육 활동을 하며 모든 연령대의 아이들이 가입할 수 있습니다. 현재 대략 3000만 여명에 가까운 청소년들이 회원으로 활동하는 대표적인 범세계적 단체가 되었죠. 스카우트에서는 야영, 도보 여행, 오리엔티어링이나 환경 캠페인과 같은 재밌고 사회적인 야외 활동을 많이 해요. 그리고 단체 활동이 많기 때문에 스카우트에 가입하면 저절로 다양한 성격의 아이들과 교류할 수 있는 기회가 잔뜩 생기게 될 거예요.

우리나라에는 이외에도 비슷한 단체로 한국청소년연맹 등이 있어요. 이 역시 여러 좋은 교류의 기회를 제공해 준답니다.

제법 살벌한 초등학교 정글

저는 윤희네 반 때문에 요새 걱정이 태산이에요. 학교에서 있었던 몇 가지 일들 때문인데, 고작 12살짜리 아이들 행동치고는 제법 살벌해서 영 맘에 걸립니다. 일단 남자애들 몇 명이 끊임없이 무례하고 거친 행동을 해요. 욕을 숨 쉬듯이 하고, 쉬는 시간에는 치고받으며 몸싸움을 한다고 합니다. 여자애들 무리도 있다는데 거칠긴 마찬가지예요. 뒤돌면 서로를 헐뜯고, 비꼬고 고자질한다더라고요. 지금까지 윤희는 두 집단 모두와 거리를 두고 있다고 합니다. 하지만 혹시라도 윤희가 이 아이들의 표적이 되진 않을까 걱정이 돼요. 행여나 딸아이가 그 무리에 끼지나 않을까 하는 염려도 생겼습니다.

아이들 패거리와 그의 우두머리

남자아이들의 싸움에 관한 일이라면 윤희의 부모는 그다지 큰 걱정을 할 필요가 없습니다. 왜냐하면 대부분 초등학생의 경우 남자와 여자아이들은 서로 뚜렷하게 나누어지기 때문이에요. 여자아이들은 "남자애들은 진짜 바보 멍청이들이야. 툭 하면 주먹질이나 하고 시끄러워"라고 생각하고요. 남자아이들은 "우리는 엉뚱한 짓이나 하는 여자애들하곤 안 놀아"라고 생각하거든요. 이 나이

대의 아이들은 남자아이는 남자아이끼리, 여자아이는 여자아이끼리 그룹을 형성합니다. 그리고는 자기들 그룹 속에서 은근하게 자신의 입지와 역할을 가르죠. 결정권이나 발언권이 가장 큰 아이가 보통 그 무리의 리더 역할을 하게 되거든요. 역할을 가르는 기준은 그룹마다 사실 천차만별이에요. 공부를 잘하는 아이, 농담을 잘하는 아이, 또는 게임이나 축구를 잘하는 아이일 수도 있어요. 그래서 아이들은 서로 능력을 알아보기 위해 끊임없이 보이지 않는 힘겨루기를 벌입니다. 이때 남자아이들은 단지 말로만 아웅다웅하는 것 외에도 종종 육체적으로 실력행사를 하기도 해요.

여자아이들 무리도 머리를 맞대고 쑥떡거리며 그룹에 속하는 아이들끼리만 정보들을 나눕니다. 그룹 밖에 일종의 선을 긋고는 자기들끼리 평가하기도 하죠. 마찬가지로 여자아이들의 무리에도 리더 역할을 하는 아이가 있기 마련이고요.

조롱과 몸싸움 – 누가 개입해야 할까?

학교에 다니는 아이들이 무리를 만들고 싸움이 나는 것은 어찌 보면 아주 평범한 일이에요. 그러나 아이들이 그룹 내 서열을 잡겠다고 종종 싸움을 벌일 때, 서로 몸으로 치고받고 싸우거나 말로 공격하고 또는 아이들을 하나씩 희생양으로 삼는다면 이를 막기 위한 조치가 필요합니다.

교실에서 한 집단이 다른 아이 한 명을 공격하는 일이 벌어진 다면 우선 선생님이 이 일에 개입해야 합니다. 학교 밖에 있는 부모가 교실에서 벌어진 일을 막을 수 있는 방법은 한계가 있으니까요. 하지만 여러분의 아이가 타겟이 되었거나 이미 그 같은 괴롭힘을 받았다면 무조건 담임 선생님에게 그 사실을 최대한 구체적으로 알려야 합니다. 선생님이 이 사실을 인지하고 있었다면 적절한 조치를 취하는 데 보조적인 도움이 될 테고, 만약 모르고 있었다면 상황을 알리는 제보 역할이 될 거예요. 또한 이후에 굳이 아이에게 직접 묻지 않아도 중간 중간 경과를 파악하기도 수월하고 지금까지 여러분이 미처 알지 못했던 중요한 정보들을 얻을 수도 있습니다.

교실 울타리 밖에서 할 수 있는 일

앞에서 언급했듯이 여러분의 아이가 같은 반 아이들에게 괴롭힘을 받았다면 비록 학교에서 벌어진 일이더라도 단호히 대응해야 합니다. 우선 집에서는 든든한 버팀목이 되어 주어야 하죠. 위로와 용기를 주는 말로 아이를 응원하며 아이의 설명을 주의 깊게 들어 주세요. 그리고 문제를 해결할 수 있도록 아이를 응원해 주세요. 함께 폭력에 대항할 수 있는 같은 반 아이들이 있는지도 찾아보고 혼자가 아니라는 걸 알게 해 주세요. 무엇보다 아이가 자기 스스로를 탓하지 않게끔 해야 합니다. 이렇게 하면 또다시 언어적 또는 정신적으로 괴롭힘을 받는 상황에서도 아이가 자기 자신을 보호할 방법을 찾을 수 있을 거예요.

그러나 반대로 여러분 아이가 같은 반 아이들을 괴롭히는 일에 적극적으로 가담했다면 어떻게 해야 할까요? 이럴 경우 아이로 하여금 '자신이 한 행동으로 인해 다른 학생이 많은 상처를 입었다'는 것을 알 수 있도록 해야 합니다. 그런데 이때 아이가 억울해하며 오히려 피해 학생이 짜증 나게 행동했기 때문에 벌어진 일이라며 책임을 전가할 우려가 있습니다. 이런 아이의 반박에 조금이라도 여지를 주어서는 안 됩니다. 다른 사람에게 모욕감을 주거나 상처 주는 행위는 절대로 정당화될 수 없다는 것을 아이는 배워야 합니다. 어떤 아이가 맘에 들지 않더라도 그 아이 역시 공정하게 대우받아야 할 권리가 있죠.

만일 여러분의 아이가 자신의 잘못을 수긍했지만, 같은 무리의 친구들에게 이런 입장을 말하고 그 친구들도 같이 사과하자고 설득하기는 어려운 상황인가요? 그렇다면 적어도 여러분 아이만이라도 피해 학생에게 사과하도록 해야 합니다. 직접 그 아이와 마주보고 '미안하다'라는 말을 할 수 있도록 아이를 격려해 주세요. 잘못을 인정하고 반성해 상대에게 용서를 구하는 행위도 용기가 필요하니까요.

독일의 초등학생 폭력 예방 프로그램 '주먹을 사용하지 않고_{faustlos}'

'주먹을 사용하지 않고' 프로그램은 독일 하이델베르크의 만프레드 키에르프카^{Manfred Cierpka}[13] 교수가 초등학생들을 위해 개발한 커리큘럼으로 아이들의 공격적인 태도를 줄이고 사회적 능력을 강화시키는 폭력 예방 프로그램입니다. 프로그램은 총 51단계로, 사회적 상황을 보여 주는 다양한 그림들을 보며 아이들이 토론을 하거나 함께 역할놀이를 하도록 구성되어 있어요.

이 과정을 통해 아이의 나이와 발달 단계에 맞는 감정 이입, 충동 통제, 분노 조절 능력을 향상시킬 수 있습니다. 감정 이입은 다른 사람이 느끼는 감정을 공감하고 이에 걸맞게 반응하는 능력을 의미하고 충동 통제는 이해 갈등처럼 어려운 상황에서 적절하게 행동할 수 있는 능력을 뜻합니다. 마지막으로 분노 조절 능력을 기르면 아이들이 분노를 느꼈을 때 폭력을 사용하지 않고 자신이 욕구를 뚜렷하고 명백하게 표현해 감정을 논리적으로 다룰 줄 알게 되죠.

어린이 유치원에도 이미 아이들을 위한 폭력 예방 프로그램이 시행되고 있어요. 오늘날 독일어권 지역에서는 대략 1만 개 이상의 교육기관에서 이런 폭력예방 프로그램을 학사 과정의 정규 과목으로 삼고 있습니다.

학교 폭력과 사이버불링

며칠 전부터 12살 기현이는 평소와 다른 행동을 보였습니다. 아침마다 꾸물대다가 매번 학교에 지각을 했고, 집에서 말수가 점점 줄어들더니 어느 날부터는 방 안에 들어가면 나오지를 않았습니다. 저희 부부는 거의 숨이 막힐 지경이었어요. 하지만 이 답답한 감정을 잠시 제쳐두고 시간을 내 아이와 대화를 나눌 수 있었습니다. 그리고 마침내 기현이에게 무슨 일이 있었는지 알게 되었죠.

요즘 같은 반 친구 몇 명이 기현이의 휴대폰을 빌려 가서 전화와 문자, 데이터를 전부 써 버린 채 돌려준다더라고요. 지난주에는 급기야 아이 휴대폰으로 기프티콘까지 몰래 결제했다는 거예요. 기현이가 참다못해 항의했더니 오히려 아이에게 욕을 해 대며 위협했다고 합니다. 그 아이들은 작년에 한 학생을 1년 내내 따돌리며 괴롭힌 아이들이라고 해요. 그래서 지금 기현이는 자기도 그 아이와 같은 일을 당할까 봐 두렵다고 했어요.

보이는 학교 폭력과 보이지 않는 학교 폭력

최근 10대들에게도 스마트폰 보급화가 널리 이루어지면서 이전에는 없던 방식의 학교 폭력이 나날이 증가하고 있습니다. 기현이가 겪은 일도 이 경우에 해당합니다. 바로 '사이버불링' 또는 '디지털(온라인) 학교 폭력'입니다. 물리적으로 벌어지는 학교 폭력에 대해서는 교육부 방침이 조금씩 발전해 나가고 있지만 디지털 학교 폭력처럼 가상공간에서 정신적 피해를 일으키는 폭력에 대해서는 아직 그 가이드라인이 명확하지 않습니다. 그러니 기현이가 두려워 하는 것은 당연해요.

　아이들의 왕따와 집단 따돌림은 무시무시합니다. 여러 아이들 이 한 아이가 지나갈 때마다 매번 욕하며 비웃고, 아이를 투명 인 간처럼 취급하면서도 뒤로는 지독한 헛소문을 퍼트리고, 또 아이 의 체면을 떨어뜨리는 표현을 대놓고 하거나 다른 학생들이 보는 앞에서 굴욕감을 주는 장면을 떠올려 보세요. 방과 후에도 SNS나 인스턴트메신저를 통해 지속적으로 아이를 괴롭히고, 기현이가 당 한 방식처럼 금품을 갈취하거나 더 나아가 합성 사진까지 만들어 아이들 사이에서 뿌리기까지 합니다. 아무리 성인이라도 견디기 힘 들죠. 위에 나열된 예시들은 실제로 아이들 사이에서 일어났던 사 건들이고 모두 정신적 상해를 일으키는 학교 폭력에 해당됩니다. 그나마 육체적 진단서 등 확실한 기록이 남아 있다면 강화된 학교 폭력예방법에 따라 교육지원청 차원의 학교폭력 심의위원회 또는 학교장 종결제와 같은 적절한 조치를 취할 수 있겠지만, 피해 사 실을 증명하기 어려운 교묘한 따돌림은 가해자가 처벌을 제대로 받지 못하는 경우가 많아요.

아이가 학교 폭력의 피해자라면

학교 폭력은 아이의 삶을 지옥으로 만들어 버립니다. '왜 하필 나야?'라는 대답 없는 질문이 아이 안에서 계속 맴돌며 아이 스스로를 궁지로 내몰아요. 대부분 가해자는 아무런 이유 없이 순전히 내키는 대로 피해자를 선택한다고 합니다. 그렇기 때문에 학교 폭력을 완벽하게 예방할 수 있는 방법도 없습니다. 따라서 이미 집단 따돌림의 피해자가 되었다면 할 수 있는 방법이란 오직 그것에 저항하는 것뿐입니다.

여러분의 아이가 그런 일을 당했다면 아이가 느꼈을 감정에 공감해 주며, 관심을 기울여야 하고 이 사태에 대한 해결책을 찾을 수 있도록 정신적으로 든든하게 지지하고 후원해야 합니다.

따돌림은 자존감을 매우 상하게 합니다. 그렇기 때문에 그런 일이 발생한 것은 '네가 나빠서도 아니고 또 네 잘못이 절대 아니다'라는 강한 확신을 주는 것이 가장 중요해요. 폭력의 원인을 스스로에게서 찾을 필요가 없습니다. 또한 가해자의 공격에서 벗어나기 위해 아이가 자기 자신을 바꾸려 하거나 또는 선물로 폭력을 막으려는 방향으로 대응해서도 안 돼요. 왜냐하면 이는 가해자에게 폭력으로 누군가를 원하는 대로 다룰 수 있다는 잘못된 사실을 보여 주는 셈이니까요.

학교 폭력은 혼자가 아닌 여럿이 함께 대항해야 합니다. 우선 선생님에게 알려 도움을 청하고, 같은 반 아이들 그리고 학부모들과의 연합이 필요합니다. 만일 또다시 그런 일이 발생했을 때 학교 차원에서, 그리고 반 차원에서 어떻게 해야 할 것인지에 대해 어른들이 함께 상의해 대책을 세울 수 있어야 해요.

또한 괴롭겠지만 이 과정에서 아이에게 일어났던 학교 폭력들을 하나하나 구체적으로 기록하고 증언을 녹취 또는 메모해 두는 것도 필요합니다. 그런 다음 해당 내용을 가지고 전문 법률가의 상담을 받는 것도 현실적으로 큰 도움이 됩니다. 우리나라의 경우 국번 없이 117(학교폭력신고센터) 또는 1388(청소년 사이버상담센터)로 전화하면 청소년 학교폭력에 대해 신고하거나 상담을 받을 수 있어요.

아이가 학교 폭력의 가해자라면

여러분의 아이가 학교 폭력의 가해자 또는 공범이라는 것이 밝혀졌다고 상상해 보세요. 여러분은 큰 충격을 받을 테죠. 그렇지만 모르는 척 적당히 넘어가거나 대수롭지 않을 일로 왜곡시키지 말아야 합니다. 아이의 잘못을 바로잡겠다고 부모 선에서 강력하게 처벌을 하는 것도 적절하지 않아요. 무엇보다 독일에서는 체벌은 엄연히 법으로 금하고 있습니다. 우리나라는 과거 민법 제915조에 의거, 친권자(부모)가 그 자녀를 '보호 또는 교양하기 위하여 필요한 징계'를 할 수 있도록 되어 있었습니다. 하지만 국민적 공분을 일으켰던 영유아 학대 사망 사건이 공론화되면서 뒤늦게 2021년 1월 26일, 1958년에 제정되어 63년간 존재해 오던 민법 제915조는 삭제되었습니다. '사랑의 매'는 존재하지 않는다는 것에 온 국민이 동의했다는 뜻이죠.

학교 폭력을 일삼는 아이도 도움이 필요합니다. 다시 말해 가해자 또한 행동을 변화시킬 수 있도록 누군가가 도움을 주어야 합니다. 아이가 원하면 언제든지 여러분이 도와줄 수 있다는 것을 아이가 알게 해 주세요. 하지만 그것이 '아이의 폭력 행동을 괜찮다'고 여기는 것이 결코 아님을 분명히 해야 합니다. 피해자의 고통을 아이가 직접 눈으로 보고, 자신의 행동이 어떤 상황을 불러왔는지 인지시키세요. 또한 폭력 행위는 법적으로 처벌을 받을 수 있다는 사실도 명백히 알게 해야 합니다. 다른 사람에게 신체적·정신적 상해를 가하고, 굴욕과 모욕감을 주는 것에 대해서 절대 관용을 베풀 수 없다는 것을 오해가 없도록 확실히 설명해야 합니다. 만약 아이가 어설프게 알고 있는 "소년법"을 웅얼거린다면 그것은 자신의 기분에 휘둘려 폭력을 저지른 사람을 위한 보호법이 아니며, 그런 보호법을 악용하면 반대로 여러분의 아이가 피해자가 되었을 때도 보호받지 못한다는 점을 강력히 말해 주세요.

아울러 부모인 여러분 자신을 위해서도 누군가에게 도움을 요청해야 해요. 교육 상담소나 청소년 상담센터를 찾아가면 조언을 받을 수 있습니다.

중요

사이버불링-예방이 가장 중요합니다

위에서 언급한 것처럼 최근 집단 따돌림은 어른의 손이 닿는 학교에서 점차 디지털 세계로 옮겨 갔습니다. 독일의 사이버불링 예방단체인 'e.V.'에 따르면 대략 17%에 달하는 학생들이 이미 사이버불링을 경험했다고 합니다. 피해자는 대부분 12세에서 15세로 청소년기 아이들이었어요. SNS나 메신저에 누군가가 자신을 모욕하는 사진이나 동영상을 올리곤, 불특정 다수가 조롱하고 괴롭히는 방식이 가장 많았다고 합니다. 이 방식은 특히 통제하기가 어렵습니다. 어떤 자료가 한번 인터넷에 돌기 시작하면 그 자료를 완벽하게 삭제할 수 있는 것은 사실상 불가능에 가깝기 때문이에요. 그러니 사이버불링은 예방 교육이 가장 중요합니다.

2012년에 뮌스터 대학의 두 심리학자 스테파니 피슐Stephanie Pieschl과 토르스텐 포르쉬Torsten Porsch는 이러한 사이버불링에 대해 '서프-페어surf-fair'라는 예방 교육 과정을 개발했습니다.[14] 교육 대상은 초등학교 고학년부터 중학생까지로, 내용은 간단합니다. 바로 사이버불링에 대한 DVD 영상을 본 다음 이야기를 나누는 거예요. 영상에는 한 학생이 사이버불링을 당하며 겪는 충격적인 사건이 담겨 있어요. 하지만 이야기의 결말은 나오지 않습니다. DVD를 보고 난 후, 학생들은 이제 삼삼오오 모여 영상에 대해 각자 이야기를 나눠야 합니다. 영상 속에서 어떤 일이 발생했고 그 과정은 어땠으며 과연 등장인물은 어떻게 될지, 그 사건의 해결책은 어떤 것인지 생각해 보는 거예요.

사실 이 교육 과정은 다양한 매체에서 정보를 읽어 내고 그것에 자신의 생각을 덧붙이는 '미디어 리터러시media literacy' 능력을 활용할 수 있게 구성되었어요. 그래서 아이들에게 일방적으로 "이렇게 하면 안 돼"라고 가르치기보다 아이들이 스스로 어떠한 현상을 보고 인과관계와 도덕성을 판단해 문제 해결 방법까지 생각해 보게끔 유도합니다. 이렇게 사이버불링에 대한 의견을 아이들이 스스로 정리하면, 누군가 이런 행동을 하는 것을 보았을 때 그것이 어째서 잘못되었는지 그리고 더 나아가 자신이 피해자가 되었을 때 어떻게 행동해야 하는지를 알 수 있어요.

7

"이제 나 좀 쉬게 내버려 둬!"

– 방 안에만 죽치고 있는 아이

"No Sports!" 영국 총리였던 윈스턴 처칠^{Winston Churchill}은 자신의 건강 비결에 대해 이렇게 대답했다고 전해져요. 그런데 20세기 중반에 사망한 옛 위인의 조언이 지금도 통하고 있는 건가 싶습니다. 원래는 별다른 이유 없이도 소리 지르며 마구 뛰어 다녀야 마땅할 어린아이들도 요즘에는 가만히 앉아 있는 걸 더 좋아하거든요.

이런 변화에는 텔레비전과 스마트폰의 영향이 너무나 강합니다. 언젠가부터 아이들은 스스로 밖에 나가 직접 축구를 하는 것보다 화면으로 다른 사람들의 경기를 지켜보는 걸 더 좋아합니다. 이로 인해 생길 수 있는 결과는 눈에 훤하죠. 방 안에 죽치고 앉아 있길 좋아하는 아이라면 높은 확률로 야외활동 시간이 부족합니다. 운동 부족으로 인한 부정적인 영향은 단지 신체의 민첩성과 집중력에만 국한되지 않아요. 전형적인 갈등의 원인이 되는 우울감과 까칠함, 공격 성향도 운동 부족으로 인해 생깁니다.

아이를 무기력하게 만들고 건강까지 해치게 만드는 과도한 TV와 컴퓨터 사용에 대해 부모인 여러분은 어떻게 대응해야 할까요? 더 나아가 아이들이 하기 좋은 스포츠 활동으로는 어떤 것들이 있는지 함께 살펴봐요!

항상 켜져 있는 밝은 화면

9살 형석이는 TV 시청에 대해 저와 이렇게 약속했어요.

"매일 오후 숙제를 마치고 나서 텔레비전을 볼 수 있어. 보고 난 뒤에는 스스로 텔레비전을 꺼야 해."

하지만 얼마 전부터 이 규칙이 잘 지켜지지 않았습니다. 보기로 약속한 방송을 다 본 후에도 형석이는 여전히 TV 앞에 앉아서 리모컨으로 여러 채널을 돌려 보았습니다. 제가 먼저 말을 꺼내지 않으면 몇 시간이고 계속이요!

TV의 긍정적인 역할

걸어 다니면서도 방송을 볼 수 있는 요즘 같은 시대에 TV가 없는 우리 삶은 상상할 수도 없죠. 점점 늘어만 가는 아이들의 미디어 구매와 소비를 부정적으로 여기는 부모들이 많습니다. 그러나 TV에도 좋은 면이 있어요. 게다가 방송 프로그램이 아이들의 교육에 중요한 기여를 했다는 점은 논쟁의 여지가 없습니다. 독일에서 어린 시절을 경험했다면 누구나 알고 있을 프로그램이 있어요. 바로 〈쥐와 함께!Die Sendung mit der Maus〉예요. 무려 50년이나 방영을 이어 가고 있는 전설의 TV 프로그램입니다. 우리나라 KBS에서 1982년부터 거의 1300회 가까이 방영했던 〈TV 유치원〉 시리즈와 비슷해요. 이런 아동 교육 TV 프로그램은 아이들에게 유익한 주제를 매회 다양하게 준비해, 쉽고 재밌게 지식을 넓히고 흥미를 갖게 만들어 아이들에게 다양한 가능성을 제공합니다.

오직 재미, 스릴과 오락만을 위해 방영되는 애니메이션이라 하더라도, 그걸 마냥 반대하기는 어렵습니다. 아이들의 욕구에 맞는 재미가 가득하고, 아이들에게 모범이 될 만한 요소들도 많으니까요. 이를테면 〈레이디버그〉나 〈겨울왕국〉 또는 〈스파이더맨〉 같은 만화 속 주인공들을 보면서 아이들은 그들이 가진 용기, 지혜, 인내심, 재치와 놀라운 기지들을 닮고 싶어 해요. 또한 캐릭터 특유의 사랑스런 외형에서 아이들은 즐거움과 만족감을 느낍니다.

이렇게 '건강하게' 시청한다면 TV는 아이들에게 매우 유익하다 할 수 있어요. 따라서 아이에게 TV 시청을 허락하기로 결정했다면 무엇보다도 연령에 알맞은 규칙을 찾는 것이 중요합니다.

TV 시청도 규칙을 따라서

TV 시청 규칙에 대한 교육은 여러 면에서 구체적이어야 합니다. 무엇보다 프로그램을 언제까지 볼 수 있는지 명백하게 정해야 하죠. 마찬가지로 아이가 어떤 프로그램을 볼 수 있으며 어떤 프로그램을 볼 수 없는지에 대한 기준과 제한을 확실히 할 필요가 있습니다. 아이의 나이와 발달 상태를 고려해 적당한 규칙을 세워 아이와 약속을 해 보세요.

시청 시간을 정할 때 다음과 같은 기준이 도움이 될 거예요. 우선 6~7살 아이들은 하루 45분 이상 TV를 보아서는 안 됩니다. 이후 11살까지 아이들은 60~80분 정도로 시청 시간을 늘릴 수 있어요. 12살 아이의 경우에는 하루 90분 이상을 넘지 않는 편이 좋습니다.

규칙을 정할 때는 아이가 어떻게 시간을 배분할지도 고려해야 합니다. 대부분 아이들은 매일 TV를 보고 싶어 하지만 어떤 아이들은 주말이라든지 어떤 특정한 프로그램을 한꺼번에 몰아서 보는 것을 좋아해요. 총 이용량만 정한다면 이런 아이의 선택을 반대할 필요는 없습니다.

아이에게 적절한 프로그램을 선택할 때는 미리 영상 정보를 찾아보는 것이 좋아요. 시청 연령 등급 제한과 어떤 내용인지는 인터넷에 검색해 보시면 자세히 올라와 있어요. 수입 애니메이션인 경우 어떤 내용인지 미리 살펴보고, 방영 전 예고편을 한번 훑어보는 것도 방법입니다.

만약 아이가 이제 막 처음으로 TV를 시청하는 시기라면 최대한 혼자서 시청하지 않도록 신경 써 주세요. 아이의 옆에 앉아서 함께 방송을 본 후 아이에게 방금 방송에서 무엇을 봤고 또 어땠는지에 대해 이야기를 나누어 보세요. 앞서 말했던 미디어 리터러시 능력은 디지털 친화적인 요즘 세대 아이들에게 매우 중요해요.

처음부터 아이가 매체를 통해 본 것을 제대로 정리하고 이해할 수 있도록 도우면 이후 아이가 새로운 영상을 혼자 보게 되더라도 스스로 그 능력을 발휘할 수 있습니다.

때로는 아이가 보는 방송이 너무 자극적이진 않을까 걱정이 되실 거예요. 실제로 아이들은 종종 TV에서 본 내용을 전혀 다르게, 또는 잘못된 형태로 받아들이곤 합니다. 그럴 땐 아이가 좋아하는 방송의 한 부분을 함께 연극을 하듯 재현하는 시간을 가져 보세요. 시청한 방송이 아이에게 어떤 인상을 남겼는지에 따라 아이의 표현 방식은 다소 자극적일 수 있는데, 설령 행동이나 표현이 맘에 들지 않더라도 중간에 끼어들거나 중단해서는 안 됩니다. 우선은 기다렸다가 연극을 끝낸 후 적당한 기회를 봐서 아이와 표현 방식에 대해 이야기를 나누는 것이 좋습니다.

만약 아이가 약속을 지키지 않는다면?

방송이 너무 재미있으면 아이는 약속한 시간을 얌전히 지키려 하지 않을 거예요. 재빨리 "10분만 더요! 아니 5분만이라도!"라며 조를 테죠. 경우에 따라서 그렇게 할 수 있어요. 하지만 아이가 약속한 시간을 매번 넘기려고 한다면 그대로 두지 말고 조치를 취해야 합니다.

이때 논리적 결과를 이용해 보는 것도 한 방법입니다. 약속 시간이 훨씬 지났는데 여전히 TV를 끄지 않으면 초과한 시간만큼 다음 번 시청 시간을 줄이면 됩니다. 아이가 이미 오래전부터 약속을 지키지 않아 시청 시간이 엉망으로 꼬였다면 한동안 '쿠폰 시스템'을 도입해 보세요. 우선 조그만 카드를 여러 장 만들어서 아이에게 그 카드에 자기가 원하는 시청 시간을 적게 합니다. 물론 카드에 적힌 시간들의 총합은 아이가 일주일에 볼 수 있는 총 시간의 범위 이내여야 해요. 그리고 이제 아이가 방송을 보고 싶어 할 때마다 매번 쿠폰 한 개 또는 여러 개를 고르도록 하세요. 그리고 거기에 적힌 시간만큼 TV를 시청하는 거죠. 만약 목요일 즈음에 일주일에 허용된 시간을 다 사용했다면, 금·토·일요일에는 더 이상 TV를 볼 수 없게 됩니다.

어떠한 경우에도 TV 시청을 보상이나 처벌 도구로 사용해서는 안 돼요. 만일 이걸 훈계 수단으로 이용하면 아이들은 방송을 못 보는 것에 더 큰 가치를 부여하고, 보상으로 주어지는 TV에 더욱 집착하게 될 거예요.

또한 잠깐 동안이라도 아이를 '조용히 시키려고' 영상을 틀어 주는 것도 지양해야 됩니다. 부모가 작전타임처럼 그 시간에 아이를 침묵시키려고 TV를 보게끔 규칙성 없이 허락한다면, 아이는 TV의 유혹을 참을 이유도 또 약속한 시청 규칙도 지켜야 할 동기도 사라져 버려요.

같은 영화를 보고, 보고 또 보고!

지루하지도 않은지 아이들은 같은 이야기를 여러 번 다시 들려달라고 요구하고, 같은 그림책을 보고 또 봅니다. 이 특징은 방송 프로그램에서도 그대로 나타나요. 이렇게 무한 반복하는 아이를 위해 즐겨 보는 프로그램을 DVD로 녹화하거나 아예 VOD 영상을 구매해 놓으면 편해요. 아이도 원할 때 수시로 볼 수 있고, 반복해 봄으로써 방송 내용을 더 잘 이해하게 되죠.

DVD나 VOD로 시청할 때의 장점도 있습니다. 이를테면 텔레비전을 보는 시간을 더 잘게 분할할 수 있어요. 6~7살 아이들에게 권장하는 TV 시청 시간은 대략 45분인데 아이들이 좋아하는 애니메이션 영화는 대부분 약 90분 정도로 이보다 훨씬 길죠. 그럴 때 프로그램을 자율적으로 끄고 틀 수 있다면 영상을 1부, 2부로 나눠서 보도록 시간을 조율할 수 있습니다. 이렇게 하면 아이도 하루에 45분씩만 본다는 규칙을 지키기 쉬워요.

설마 인터넷 중독?

13살 민우는 자기 방에 컴퓨터가 생긴 후부터 늘 그 앞을 떠나지 않아요. 숙제, 기타 연습, 심지어 지금까지 매우 좋아했던 스포츠마저 소홀히 하기 시작했어요. 이러라고 사 준 것이 아니었는데… 민우에게 게임과 인터넷은 거부할 수 없는 유혹인 것 같아요. 걱정스런 마음이 들어요. 우리 아들이 혹시 인터넷 중독은 아닐까요?

우리 아이는 디지털 네이티브 세대

인터넷 기술이 과거에는 상상도 할 수 없을 만큼 급격히 성장한 시대에 태어난 아이들은 이른바 '디지털 네이티브digital native' 세대입니다. 즉 스마트폰과 컴퓨터 같은 기계를 마치 원어민이 모국어를 하듯 자유자재로 활용하는 세대라는 뜻이에요. 그것을 증명하는 것처럼 최근 몇 년 사이에 아이와 청소년의 컴퓨터와 인터넷 소비가 두드러지게 증가하고 있습니다.

우리나라 통계청에서 배포한 '2020 청소년 통계'에 따르면 초등학생 4~6학년의 여가 시간은 하루 평균 2~3시간입니다. 학업 비중이 커지는 중학생 이상부터는 그 시간이 1~2시간으로 줄어들고요. 그런데 그 적은 여가 시간을 쪼개서 컴퓨터 게임 또는 인터넷 검색을 한다고 대답한 10대 청소년은 79%나 됩니다. 2019년 10대

청소년의 주 평균 인터넷 이용시간은 평균 17시간 33분인데, 이 시간은 2013년도에 비해 3.5시간이나 증가한 수치입니다.

과학기술정보통신부에서 발표한 '2019 인터넷 이용 실태 조사'에서는 인터넷을 경험해 본 3세~9세 아동이 91.2%, 10대는 99.9%라는 엄청난 결과가 나타나기도 했어요. 2015년에 10세 미만 아동의 인터넷 이용률이 79.8%였던 것을 보면 5년 사이에 어렸을 때부터 인터넷에 접속하는 비율이 큰 폭으로 상승한 셈이죠.

아이들은 왜 이렇게 컴퓨터 게임과 인터넷을 좋아할까?

아이와 청소년들이 컴퓨터 게임을 좋아하는 이유는 게임 자체에 있습니다. 디지털이 아닌 아날로그 게임도 마찬가지입니다. 디지털 게임은 재미와 스릴, 창조성과 실험 욕구를 채워 줄 공간을 제공합니다. 아날로그 게임과 마찬가지로 디지털 게임에도 전략 게임과 숙련도 게임으로 나뉩니다. 전략 게임은 논리적 사고를 촉진시키고 숙련도 게임은 반발력이나 반응 능력을 향상시키죠. 가상 공간에서만 볼 수 있는 세계관과 화려한 시각 효과도 아이들의 눈을 사로잡습니다.

이외에도 인터넷에는 특별한 구성 요소가 하나 더 있습니다. 바로 사회적 교류가 쉽게 일어난다는 거예요. 2019년 초등학생 10명 중 8명 이상이 매일 사용하는 인터넷 서비스는 바로 인스턴트메신저예요. '카카오톡'이나 '네이버 라인', '페이스북 메신저' 같은 채팅 애플리케이션입니다. 학교나 학원, 놀이터처럼 친구와 직접 얼굴을 마주하지 않고서도 아이들은 인터넷을 통해 사회적 교류를 체험합니다. 더 나아가 실제로 만나 본 적 없는 지구 반대편의 누군가와 친분을 쌓기도 해요. 90년대 후반부터 2010년대에 태어난 세대를 가리키는 'Z세대'는 이런 온라인에서만 만나는 친구에 대해 거부감이 적다고 합니다. 자신이 있는 현재의 공간을 떠나지 않고 다른 또래 친구들과 함께 문화를 교류할 수 있는 인터넷의 이런 점은 직접적인 사회적 접촉이 줄어든 환경에서 더더욱 빛을 발한답니다.

금지한다고 위험 요인을 막을 수 없다

모두가 알다시피 인터넷은 중독 잠재성이 높기 때문에 분명 커다란 위험이 내재되어 있습니다. 아이가 컴퓨터 게임을 하면서 너무 많은 시간을 보낸다거나 또는 아침부터 밤늦게까지 오직 스마트폰만 붙잡고 있다면 장기적으로 볼 때 수면 부족, 불규칙적인 영양 섭취, 운동 부족, 외로움, 고립 등 육체적·정신적으로 심각한 문제를 초래할 수 있습니다. 스스로 인터넷에서 더 이상 빠져나오지 못할 만큼 그것에 푹 빠져 있다면 두말할 것 없이 전문가의 도움이 필요합니다.

문제는 단지 이것만이 아닙니다. 2011년에 실시한 호엔하임 대학과 뤼네부르크 대학의 공동 연구에 따르면 공격성을 보이는 아이들이 잔인한 컴퓨터 게임이나 비디오 게임을 특히 선호했다고 합니다.[15] 자극적인 미디어 때문에 실제로 아이들의 공격성이 심해졌다는 뚜렷한 증거는 없지만, 폭력적인 성향을 보인 아이들이 그런 매체를 선호했다는 연구 결과는 폭력성과 선정적 미디어와의 상관관계에 설득력을 높여 줍니다.

다양한 연구를 통해 나온 결과로 컴퓨터와 인터넷에 대해 아이의 안전을 염려하는 부모들이 많습니다. 분명 유익한 점도 많지만 위험요인도 있는 인터넷 문제를 어떻게 다루어야 할까요?

종종 부모들은 아이들의 인터넷 사용을 무작정 금지하거나 강하게 통제하곤 합니다. 하지만 그건 별 도움이 되지 않아요. 다른 문제 행동과 마찬가지로 덮어놓고 못 하게 하는 방침은 오히려 아이를 자극하고 부모의 시야 밖으로 도망치게 만드니까요. 또 어떤 부모들은 몰래 아이의 뒤를 따라다니며 감시하는 방법을 택하기도 합니다. 아이의 휴대폰 속 대화 내용을 확인하거나 인터넷 기록을 둘러보는 거죠. 이러한 행동은 아이를 염려하는 마음에서 나온 것이겠지만, 그건 엄밀히 말해서 아이의 믿음을 악용하는 거예요. 근본적으로 아이의 편지나 일기를 몰래 읽는 행위와 조금도 다르지 않습니다.

의미 있는 이용규칙

이렇게까지 하는 여러분의 심정은 충분히 이해해요. 그러나 걱정이 심해지면 이성적인 판단이 흐려져 결과적으로 아이와의 관계를 망치게 될 수도 있어요. 그러니 걱정을 하는 대신 우리가 앞에서 다루었던 TV 문제처럼 컴퓨터 이용에도 명백한 규칙을 정하세요. 물론 컴퓨터 이용 시간을 TV 시청 시간과 별도로 두지 말고 총 이용 시간으로 계산해야 해요. 만 6~7세 아이의 경우 합리적인 컴퓨터 이용시간은 하루 최대 45분이고, 만 8~11세 아이는 60~80분, 그리고 만 12세 어린이는 최대 90분 정도입니다.

아이마다 인터넷의 매력에 빠진 이유는 다를 거예요. 누군가는 친구들과 대화 나누는 것이 좋고, 누군가는 게임이나 영상이, 누군가는 다양한 게시물을 보며 정보를 얻는 것이 재밌을 수 있어요. 인터넷을 좋아하는 아이를 이해하고 알고 싶나요? 그렇다면 아이에게 그 이유를 직접 설명하게 해 보세요. 믿기 어렵겠지만 오히려 여러분이 알지 못했던 새로운 세상을 만나볼 수도 있습니다. 앞으로도 이런 새로운 미디어에 관한 것은 분명 아이가 우리보다 더 잘 알 테니까요! 아이의 디지털 활용 능력을 인정해 주세요. 하지만 아이가 하는 이용하는 콘텐츠 가운데 여러분이 동의할 수 없는 부분이 있다면, 그것이 마음에 들지 않고 염려된다는 점을 아이에게 분명히 언급해야 합니다.

또 인터넷 이용 시 생길 수 있는 위험에 대해 아이와 함께 이야기를 나누어야 합니다. 온라인에서 자신의 생각과 가치관 또는 취향에 대한 대화를 얼마든지 할 수 있지만, 자신의 이름과 휴대폰 번호 또는 집 주소나 얼굴 등 개인 정보를 올리는 것은 굉장히 위험하다는 것을 꼭 가르쳐야 합니다. 또한 10대 전용 인터넷 뱅킹 서비스가 생기고 온라인 중고 거래 시장도 활발해지고 있기 때문에 그런 금전 거래에 대한 교육도 조금씩 알려 줘야 하죠.

그리고 인터넷 이용 시간을 정할 때 야외활동에 대한 약속도 동시에 해 보세요. 예를 들어 아이가 운동을 얼마만큼 하면 컴퓨터 게임을 허락한다고 말이에요. 어떤 게임을 허락하고, 컴퓨터 게임 시간은 하루에 얼마이고, 또 컴퓨터를 하려면 스포츠를 얼마만큼 해야 하는가에 대해 아이와 약속을 하고 일종의 '계약'을 체결할 수 있습니다.

힌트　　　　　　　　　　　**아이와 계약을 체결하기!**

계약은 사업에서만 이루어지는 게 아닙니다. 부모와 아이도 계약을 체결할 수 있어요. 의외로 아이들은 계약하는 것을 매우 좋아합니다. 부모가 자신을 진지하고 대등하게 받아들인다는 느낌을 받기 때문이에요. 또 말로 동의하는 것보다는 글로 계약서를 쓰면 아이와 부모 모두 규칙을 확실히 인지할 수 있어요. TV 시청이나 컴퓨터 사용에 관한 부모와 아이의 계약은 대략 이런 내용입니다.

부모 한유정와 김민철은 김민우가 매일 80분 동안 텔레비전이나 컴퓨터를 이용할 것을 보장한다. 김민우는 그 이용 시간 내에 다음과 같은 방송이나 게임 중 하나를 선택할 수 있다.

(아이와 함께 합의한 방송 프로그램과 게임 목록을 적습니다.)

목록에 없는 방송이나 게임을 원할 경우 반드시 먼저 부모 한유정과 김민철에게 허락을 받아야 한다. 반대로 김민우는 의무적으로 주 3회 한 시간씩 운동을 하고, 적어도 매주 3시간 정도 추가로 야외활동을 한다. 또한 게임한 시간과 운동한 시간을 모두 기록해서 한 주가 끝날 때 우리에게 일지를 제출한다.

(날짜 / 이름 및 서명)

가족회의에서 아이와 함께 이 계약서를 작성하고 참여한 사람 모두 서명을 해서 체결을 확정하세요. 이 과정에 아이를 적극적으로 참여시키면 앞으로도 약속을 잘 지키게 됩니다. 물론 아이가 계약 내용을 100% 완벽하게 이행할 것이라고 기대할 수는 없어요. 그러나 문서로 계약을 체결하면 부모인 여러분이 아이에게 얼마나 허락했는지를 아이도 눈으로 확인하기 때문에 약속에 대한 책임감이 생긴답니다.

아이가 온종일 저전력 모드일 때

14살 정현이는 요즘 무언가 지루한 모습으로 방 안에 가만히 널 브러져 있곤 합니다. 숙제도 마지못해 건성건성 해치우고요. 원래 는 다음 달에 있을 육상 대회를 준비해야 하지만 쉽사리 자리를 털고 일어날 결심이 서지 않는대요. 은근슬쩍 컴퓨터 앞에만 앉아 있으려 하는데, 자기만의 컴퓨터도 없다며 툴툴거리기나 하고 무엇 보다 이번 주에 할당된 컴퓨터 이용 시간을 이미 다 써 버렸기 때 문에 허락하지 않았죠. 기분이 언짢아진 정현이는 자기 방에서 휴 대폰으로 음악을 크게 틀기 시작했어요. 결국 정현이 아빠가 방 안 으로 쫓아가 역정을 내었습니다.

"야! 너 미쳤어? 지금이 몇 신데, 안방까지 다 들리잖아! 아랫집 에서 올라오면 네가 사과할 거야?!"

소리 줄이기 – 적당한 음성으로

층간 소음이 일어나기 전에 아들에게 주의를 주려던 한 아빠가 이해되긴 하지만 야단과 고함을 지르지는 말았어야 했습니다. 게 다가 상대방을 멸시하는 너-전달법까지 썼네요! 이런 방식으로 훈 계를 할 경우 아이가 지금 행동이 문제였다는 점을 깨닫기 쉽지 않고, 그것을 대신할 배려 있는 행동을 생각해 내기도 어려워요.

이때 아이에게 당신이 원하는 것을 명백히 말했다면 더 좋았을 거예요. 아이의 방으로 가서 볼륨을 줄이고 "소리가 너무 커. 자칫하다가는 이웃집에 방해가 될 거야"라고 차분하고 명백하게 말하는 거죠.

물론 이렇게 말해도 충돌이 끝나지 않을 수 있습니다. 왜냐하면 아이는 애초에 음악이 그렇게 시끄럽다고 생각하지 않았을 거거든요. 아이가 말꼬리를 잡아 대기 시작한다면 우선은 이어폰을 사용하거나 줄이라고 말한 뒤 더 이상의 언급을 자제하고 다음 기회로 넘겨야 합니다. 이 사안에 대해 가족회의를 이용하는 것도 좋아요. 그리고 이후에 이 일에 대해 대화할 때 꾸짖음이 기본으로 깔려 있지 않도록 주의하세요. 아이와 함께 동의할 수 있는 가능성을 찾아야 합니다. 그러다 보면 지성이네 경우처럼 해결 방안을 찾을 수 있을지도 모릅니다.

"예전에 우린 이웃집 사람들과 종종 불화가 있었어요. 왜냐하면 지성이가 하필 저녁시간마다 음악 듣는 것을 취미로 삼았거든요. 신이 나면 방구석에서 혼자 콘서트라도 열었는지 신나게 쿵쿵 뛰기까지 했어요. 그래서 14살 생일 때 꽤 사양이 좋은 헤드폰을 선물해 줬어요. 물론 뛰지 말라는 약속을 받았죠. 이 방법으로 모두 만족스럽게 문제를 해결했어요."

지루함이 스포츠를 만나다

요즘 아이들이 말하는 '노잼 시기'가 뭔지 아시나요? 'NO 재미'라는 뜻으로 무얼 해도 흥미가 생기질 않고 몸도 축축 처지는 시기를 가리켜요. 일종의 번아웃 증후군처럼 만사가 다 귀찮고 무기력해지는 거죠. 사춘기 아이들의 이 지루함 문제는 헤드폰을 사 주는 것으로 해결할 수 없습니다. 헤드폰을 사는 대신 이 시기를 의미 있고 만족스럽게 해결할 수 있는 대안들이 있어요. 그중 하나가 바로 스포츠예요.

취학 연령기의 아이에게는 운동과 왕성한 야외활동이 필요합니다. 조용히 앉아서 여가를 보내는 시간을 별도로 두더라도, 하루 종일 학교에서는 앉아서 수업을 들었고, 숙제를 할 때도 책상 앞에 있었고, 또 앉아서 식사를 했으니까 이제는 그만큼 움직여서 몸의 균형을 이루어야 해요. 운동은 여러 면에서 신체와 정신 그리고 영혼에 긍정적인 영향을 줍니다. 운동을 통해 아이는 신체 인지·조정 능력, 균형 감각, 반사 능력을 향상시킬 수 있고, 그 나이 특유에 흘러넘치는 에너지와 긴장을 완화하는 데 도움이 되기도 해요. 또한 몸을 움직이며 필요한 산소를 뇌에 충분히 공급함으로써 집중력과 관찰력도 함께 향상시킬 수 있습니다.

이렇게나 운동은 아이들에게 좋고 실제로도 중요하지만, 현실은 녹록치 않죠. 학교에서도 체육 수업을 하지만 학교 수업만으로는 여러 가지로 턱없이 부족합니다. 무엇보다 우선 교실에 앉아 있는 시간과 균형을 이룰 만큼 충분하지가 않습니다. 게다가 오늘날 아이들 대부분은 방과 후 자율적으로 갖는 여가 스포츠 활동도 부족합니다.

만약 아이가 운동에 시큰둥하다고 해서 그쪽으로 소질이 없다거나 몸치인 것은 절대 아니에요. 운동을 소홀히 하는 이유가 선택한 스포츠 종목이 아이에게 맞지 않아서일 수 있습니다. 따라서 아이가 운동에 대한 욕구가 없는 이유와 원인을 철저히 알아보고, 아이의 성향에 맞는 새로운 종목으로 바꿔보는 것도 도움이 됩니다.

힌트 6~12세 아이에게 적당한 스포츠 종목

아이를 위한 적당한 스포츠 종목을 찾는다면 먼저 인근 지역에 있는 스포츠 센터 혹은 축구나 야구 등 주니어 클럽을 들러 보세요. 많은 스포츠 센터들이 직접 체험해 볼 수 있도록 견학 기회를 제공해요. 견학하기 전에 먼저 아이가 운동을 할 때 개인 운동과 팀 경기 중 어느 쪽을 더 선호하는지를 알아야 합니다. 이때 여러분의 의견은 필요하지 않아요. 무엇보다 중요한 것은 아이 본인의 즐거움이어야 하니까요. 만일 체험을 해 봤는데 영 즐겁지 않다면 아이는 그곳에 오래 있으려 하지 않을 거예요. 6~12세 연령대의 아이들이 특히 좋아할 만한 적합한 스포츠 종목들은 살펴보면 다음과 같습니다.

- 축구는 논란의 여지없이 남자아이들이 가장 좋아하는 1위 종목이에요. 축구는 지구력과 속력을 촉진하며 근력과 조정 능력을 기르고 팀 정신을 강화시켜요.
- 핸드볼은 아이들이 매우 좋아하는 팀 경기입니다. 축구처럼 속력, 지구력, 조정 능력, 근력, 공간 감각과 팀 정신을 향상시킵니다.
- 유도는 크고 작은 반사 능력을 촉진시키고 힘 조절 능력을 키우고, 사회적 능력과 자존감에도 효과적입니다.
- 태권도는 정교한 움직임이 필요하죠. 집중력, 유연성과 힘 조절 능력을 기를 수 있어요.
- 육상은 몸 전체의 근육 단련과 근력 발달에 좋으며 속력을 촉진시킵니다.
- 발레는 특히 여자 아이들이 좋아하는 종목이에요. 발레는 신체 조정 능력과 숙련도, 균형감각과 집중력을 향상시키는 데 탁월해요.

- 테니스는 근력과 균형 감각 외에도 투지와 인내심을 강화시켜요. 테니스는 지구력이 다소 없는 아이들에게도 적당한 스포츠 종목이에요.
- 탁구는 속력과 고도의 반사 능력을 기르는 데 좋습니다. 집중력, 숙련도와 신체 조정 능력에도 도움이 되고요.

여러분 아이가 여기 적힌 스포츠 종목에도 흥미를 느끼지 못할 수 있습니다. 여기에 없는 종목, 이를테면 피겨스케이팅, 검도, 필라테스, 클라이밍, 요가에 관심 있을지도 몰라요.

모든 일상이 스포츠가 되도록

아이가 실내 또는 야외 모든 장소에서 일상적으로 움직이며 활동할 수 있는 환경을 함께 만들어 가는 것도 좋아요.

여러분의 집, 특히 아이가 방 안에서 움직이며 다양한 활동을 할 수 있도록 꾸며 보세요. 아이의 방에 책상과 의자가 딱딱할 필요는 없습니다. 특히 나이가 어린 아이들의 경우 푹신한 쿠션, 매트리스와 바닥에 빈백beanbag 같은 것을 두어 침대에서 방방 뛰거나 바닥에 푹 파묻혀도 안전한 환경을 만들어 주면 좋아요. 신체 능력이 어느 정도 발달하면 벙커식 침대를 두어 사다리 같은 것을 오며 가며 사용하게 할 수도 있어요. 이외에도 말랑한 짐볼gym ball 도 추천해요. 아이들은 체조용 공을 자유롭게 이용해서 스트레칭이나 근력 운동을 할 수 있고 또 쉬는 시간에 의자처럼 사용하면 균형감각도 키울 수 있습니다.

실내외에서 동시에 활용할 수 있는 이상적인 스포츠 기구로는 사이클, 트위스트 런, 스트레칭 밴드 등이 있습니다. 겨울이나 비가 계속 오는 날에는 집에서 실내 자전거를 하면 기분 전환도 되고, 충분히 활동적인 운동이 돼요. 야외에서 활동을 할 수 있는 스포츠 기구로는 공, 줄넘기, 배드민턴 이외에도 놀이터의 시소와 철봉, 인라인 스케이트와 스케이트보드나 자전거 등이 있습니다.

아이의 활동량을 늘리는 가장 중요하고도 효과적인 방법이 있어요. 바로 여러분도 적극적으로 운동을 아이와 함께 하는 거예요. 공원에서 함께 러닝을 하고, 배드민턴을 치고, 캐치볼 놀이를 하면 몸도 마음도 상쾌하고 아이들과 아름다운 연대의식이 싹틀 거랍니다.

8

"엄마나 아빠는 저를
전혀 이해하지 못한다고요!"

– 시작됐다, 사춘기!

예전만 해도 비교적 모든 게 수월했을 거예요. 하지만 아이가 12살이 된 순간, 자식이 하루아침에 달라진 것만 같습니다. 특히 아이의 태도가 극단적으로 변합니다. 자기 방에 혼자 틀어박혀 아무렇게나 나동그라져 있고 모든 일을 얕잡아 보며 짜증을 숨 쉬듯 내요. 때로는 시끄럽게 선을 넘으며, 또 '그 놈의 원칙 어쩌고저쩌고' 하면서 따박따박 말대꾸하고, 집안을 난장판으로 어지럽히고 날카로운 분위기를 조성합니다.

이런 행동이 나타나는 이유를 알고 나면 좀 이해가 될 거예요. 이 시기에 아이들은 자아를 찾는 과정에 대해 큰 불안감을 갖습니다. 점점 달라지는 신체와 어른들의 취급, 학년이 올라가면서 생기는 진로에 대한 압박감과 책임감으로 자신의 일상이 조금씩 버겁게 느껴지죠. 하지만 그런 연약함을 밖으로 내비치는 것은 부끄럽다고 생각해 '안 그런 척' 매우 도전적이고 도도한 모습으로 무장합니다.

아이가 사춘기에 접어들기 전부터 여러분이 아이와의 갈등을 공정하고 논리적으로 해결하려고 노력한 편이었기를 바랍니다. 왜냐하면 여러분의 아이가 사춘기라는 이 소란스러운 시기를 극복하고 '올바른 태도와 행동'을 취할 때까지 아주 긴 호흡이 필요하기 때문이에요. 그 긴 기간 동안 여러분은 아이의 행동을 이해해 줄 수 있어야 하고요. 『톰 소여의 모험』으로 유명한 작가 마크 트웨인Mark Twain은 사춘기 아이들이 이 시기를 잘 극복해 어른이 되는 것을 유쾌한 문장으로 말했어요.

"어른이 된다는 것은 부모가 지시한 '올바른 일'을 그대로 행하는 것이다."

아, 엄마 아빠 때문에 창피해 죽겠어!

이번 중학교 축제 때 동혁이가 들어갔던 연극부에서 공연을 한다고 했어요. 동혁이도 무대에 선다고 했습니다. 그것도 주인공으로요! 무대는 완벽했고 관객들의 큰 박수를 받았습니다. 연극을 시작할 때부터 마지막 인사를 할 때까지 저희 부부는 모든 순간을 다 촬영했어요. 아이가 매우 자랑스러웠습니다.

연극이 끝나자마자 동혁이를 축하해 주려고 인파를 헤집으며 서둘러 앞으로 갔죠. 그때 동아리 친구들과 반 친구들에게 에워싸인 아들을 발견했어요. 그런데 저희가 자기를 향해 오는 것을 발견한 동혁이가 재빨리 몸을 홱 돌리더니 오지 말라고 손을 내두르는 거예요. 그러고는 친구들과 함께 자리를 떠나 버렸습니다. 저는 이런 아들의 행동을 이해할 수 없었습니다. 아니, 인사도 하지 말라니. 아연실색해서 남편한테 물었죠.

"쟤가 지금 뭐 한 거예요? 방금 우리를 전혀 모르는 사람 취급한 거 봤어요?"

남편은 고개를 절레절레 저으면서 웃었습니다.

"아무래도 지금 우리가 말을 걸지 말았으면 하는 것 같아요."

아이가 스스로 선을 긋는다

아이가 사춘기에 접어들고 자아 정체성을 찾기 시작하면 스스로 부모에게 선을 그어요. 엄마와 아빠가 자신을 사랑스럽게 쓰다듬고 보살피는 것도 갑자기 참을 수 없게 됩니다. 모두가 있는 자리에서 아이가 자신의 애정을 거부하면 무척 당황스럽고 동요할 수밖에 없어요. 그러나 이럴 땐 아무 말도 하지 말고 그냥 입을 다물어야 합니다.

아이가 여러분에게 거리 두는 모습을 처음 보일 때 크게 낙심할지도 몰라요. 하지만 그 순간에 우리가 사춘기였을 때를 생각해 보세요. 분명 아이를 이해하는 데 도움이 될 거예요. 여러분에게도 사춘기 시절, 또래 친구들에게 인정받는 것이 가장 중요했던 시절이 있었습니다. 그 전에는 가장 친밀한 관계였던 여러분의 부모님이 보이던 관심과 애정이 갑자기 거추장스럽고 부담스럽게 느껴졌을 테죠. 심지어 부끄럽고 창피하다 여기기까지 했을 거예요. 그렇지 않나요?

아이가 정말로 당신을 거부해서 피하는 게 아니라는 것을 안다면 갑작스럽게 변해 버린 아이의 낯선 행동이나 욕구를 느긋하게 바라볼 수 있을 겁니다. 그리고 주변을 한번 돌아보세요. 그 또래 청소년을 둔 다른 부모들의 처지도 아마 여러분과 비슷할 거예요.

존중하는 인내

10대가 된 여러분의 아이를 공공장소에서 당혹시키지 않으려면 무엇보다 다음과 같은 것들을 주의해야 합니다.

첫 번째, 다른 사람들 앞에서 아이를 비판하지 말기. '다루기 쉬운' 나이의 아이도, 하다못해 다 큰 어른도 남들 앞에서 면박을 당하면 견디기 어렵습니다. 성장통으로 감정의 혼란을 겪는 청소년들은 특히 자기가 중요하게 여기는 사람들 앞에서 체면이 구겨지는 일을 참을 수 없어 해요.

두 번째, 반대로 지나치게 아이를 칭찬하지 말기. 동혁이네 부부가 연극을 성공적으로 마친 아들에게 칭찬 세례를 퍼부었다고 생각해 보세요. 그것도 친구들이 다 지켜보는 앞에서, 한술 더 떠 포옹하고 뽀뽀(사춘기 아이에게 이것보다 최악은 없죠)하고, 나아가 가족끼리 부르는 애칭으로 부르기까지 했다면…. 그때 동혁이의 심정은 어떨까요? 자세한 설명은 생략해도 되겠죠?

부모가 아이의 친구들을 대할 때 주의해야 할 점도 있습니다. 상황에 맞게 융통성을 발휘할 줄 알아야 하고, 나이에 비해 과하게 젊은 것처럼 행동하지도 말아야 해요. 말하자면 지나칠 정도로 어리게 보이는 옷을 입거나, 아이들 사이에 섞여 들려고 하지 말아야 한다는 거예요. 특히 10대와 잘 통하는 어른으로 보이고 싶어서 요즘 아이들이 쓰는 말투를 사용하는 것도 지양해 주세요. 청소년기에 접어든 여러분 아이는 창피해서 그 자리를 박차고 나가려 할 테니까요.

중요 존중이 일방통행이어선 안 돼요

"아이가 더 이상 우리를 존중하지 않아요." 아이가 사춘기 초기일 때 많은 부모들이 이렇게 한탄합니다. 그 말을 충분히 이해하지만 좀 더 신중히 생각해야 합니다. 스스로에게 솔직하게 물어보세요. "지금까지 나는 내 아이를 존중했을까?"

예를 하나 들어 볼게요. 부모의 방은 극히 사적인 공간이어서 아무 때나 함부로 들락거리면 안 된다는 것을 아이는 오래전부터 배웠을 거예요. 그래서 함부로 엄마 아빠의 방을 들어가지 않습니다. 그런데 여러분도 아이의 방을 그렇게 여기나요? 아이의 사적 공간을 충분히 존중했을까요? 또 아이의 친구들이 놀러 왔을 때 아이들이 있는 공간에 계속 기웃거리면서 사적인 시간을 방해하지는 않았나요? 아이의 방을 들어갈 때마다 노크를 잘 해 왔나요?

아이가 초등학생일 때부터도 이렇게 아이의 공간을 존중해 왔다면 좋겠지만, 안타깝게도 많은 부모들은 아이의 방을 규칙으로 통제하고 '당연히' 들여다봐야 하는 영역으로 여기곤 합니다. 만일 아이의 사적 공간에 제때 거리를 두지 않는다면 반대로 아이가 당신을 존중하는 마음 없이 무례하게 행동하는 건 당연한 결과예요.

화장실에서 도대체 뭘 하는 거야?

얼마 전부터 13살 연희는 저를 두고 인내심 테스트를 하는 거같아요. 매일 아침 화장실에 들어갔다 하면 나오지를 않습니다. 출근을 코앞에 둔 제가 다급히 닫힌 화장실 문을 두드리면 그때서야 딸아이가 소리를 꽥 지르며 대답합니다.

"아, 그만 좀 해요 진짜! 완전 스트레스받아. 금방 나간다고!!"

금방? 퍽이나요!

거울 앞을 떠나지 않는 아이들

사춘기 초기에 일어나는 신체의 변화는 아이를 혼란스럽게 합니다. 갑자기 자신의 겉모습이 변하니까요. 그런데 이러한 변화가 TV 속 영화, 드라마를 보며 머릿속으로 상상해 오던 것과는 거리가 먼 경우가 허다하죠. 또 얼굴에 여드름이 생기기라도 하면 아이들은 더욱 경악합니다.

화장실에 들어간 아이가 한참 동안 밖으로 나오지 않는 이유는 대부분 외모에 신경을 쓰고 있기 때문일지도 모릅니다. 여드름이 잘 보이지 않도록 꼼꼼히 가리거나 거뭇거뭇해진 인중을 어떻게 해야 하나 고민하고 있는 거예요. 우리는 아이의 이런 욕구를 존중해야 합니다. 어떤 경우에도 아이에게 그렇게 굴지 말라고 하거나 아이가 화장실에 있을 때 마음대로 문을 열어 젖혀도 안 됩니다. 물론 우리 자신도 자유롭게 집안을 돌아다니고 물건을 사용할 권리가 있죠! 따라서 앞으로 한동안 벌어질 이 갈등을 없애려면 가족 모두가 동의하는 화장실 이용에 대한 규칙을 세워야 해요. 이외에도 아이가 마음껏 얼굴이나 외모를 살필 수 있도록 방에 작은 거울을 사 주는 것도 도움이 됩니다.

아이가 필요로 할 때는 언제든 대화 상대가 되어 주세요. 여러분이 10대였을 때 외모에 대해 어떤 생각을 했었는지 아이에게 설명해 주세요. 다른 친구들과 어른들의 모습을 아이와 함께 관찰하고 스타일과 취향 차이를 말해 보세요. 중요한 것은 이렇게 외모란 것은 결국 사람마다 다 다른 것이고, 건드릴 수 없는 그 사람의 취향이기 때문에 존중해야 한다는 것을 잘 녹여 내야 해요. 그런 점에 대해 서로 의견을 나눠 보면 아이가 가지는 생각의 폭이 점차 넓어진답니다.

특히 여자아이들의 경우 부쩍 화장품에 대한 욕구가 강해질 수도 있어요. 우선 당황하지 마시고 바로 '화장품은 안 돼!'라고 말하기보다 어떤 이유로 화장을 하고 싶어졌는지 대화해 보시는 게 좋습니다. 주변 친구들이 화장을 시작해서 그들과 소속감을 느끼고 싶어서일 수도 있고, 스스로의 외모를 타인과 비교하기 시작해 자존감이 줄어들었기 때문일 수도 있습니다. 그러니 이유를 함께

살펴봐 주시고 고민해 주세요. 하지만 어느 쪽으로든 강요를 해서
는 안 됩니다. 아이가 자신만의 취향과 가치관을 찾고 신체의 변
화를 수용하게 되면 모든 것이 다시 평범해질 거예요.

극심한 신체 위생 상태

사춘기에 접어든 아이들은 변해 버린 신체에 어떻게 대처해야
하는지 몰라 어려움을 겪습니다. 항상 그런 건 아니지만, 여자아
이들이 신체와 외모를 과도하게 가꾸고 꾸미는 반면 남자아이들
은 주변 사람이 괴로울 정도로 그것을 등한시하는 경우가 있어요.
사춘기에는 성장 호르몬의 생성이 늘어나기 때문에 땀을 많이 흘
리는 데다 그 땀 냄새도 진해집니다. 남자아이들 방에 들어갈 때
마다 '잠깐 환기 좀 시키자'라는 말이 절로 나오는 이유죠. 그러나
정작 당사자는 이를 전혀 인지하지 못할 수도 있습니다. 그러니 다
른 사람이 냄새나는 아들에게 불쾌한 반응을 보이기 전에 여러분
이 먼저 아이에게 언질을 주는 것이 중요합니다. 물론 이때 아이의
기분을 상하게 하거나 자존심을 건드리지 않도록 조심해야죠. 따
라서 사춘기가 시작될 무렵부터 미리미리 '아침마다 또는 운동한
후에는 항상 샤워를 하고 날마다 속옷은 갈아입자'와 같이 신체
위생에 관한 약속을 해 놓으면 좋습니다.

여자아이들과 마찬가지로 사춘기의 남자아이들도 여드름 때문에 고민을 합니다. 아이들에게 피부 관리에 대한 조언을 해 주는 것도 좋아요. 상황에 따라 피부과 방문이 필요할 수도 있습니다. 사춘기의 많은 청소년들이 여드름 때문에 골머리를 앓습니다. 생각보다 아주 심각하게 말이에요! 피부 문제는 10대에게 정신적 부담으로도 이어지고 여드름은 결코 미용의 문제만이 아니라 의학적 문제이기도 하다는 것을 기억하세요.

중요

가족회의 만들기?
사춘기일 때는 NO!

사춘기인 아이가 매번 화장실을 난장판으로 만들고 치우지 않는다면 지금이야말로 아이와 이런 약속을 할 때가 되었습니다.

"샤워하거나 목욕을 한 후에는 벗어 놓은 옷들을 세탁 바구니에 넣기. 욕조와 샤워기, 세면대, 거울에 비누나 치약이 묻었을 때는 바로바로 물로 씻어 내기. 샴푸나 클렌징폼을 다 쓰면 플라스틱 수거함에 넣기."

이런 식으로 화장실 이용 규칙 안에 사용 후 정리 정돈법도 가족회의를 통해 의논하고 정할 수 있어요. 그런데 지금까지 가족회의라는 체계가 여러분의 집안에 존재하지 않았다면 아이가 사춘기에 접어든 시기에 가족회의를 처음으로 도입하는 것은 시기상 좋지 않습니다.

왜냐하면 아이는 부모가 가족회의를 기회 삼아 규칙적으로 대화를 한답시고 자신을 '소환해' 야단칠 것이라고 의심할 가능성이 높기 때문이에요. 그럼 새로운 것에 대한 시도를 아예 차단하려고 할 테니 아이가 협조를 잘 안 하려고 할 거예요. 가족회의라는 제도를 대대적으로 도입해 시작하는 것보다 자연스럽게 대화하는 자리에서 슬쩍 사안을 꺼내 보는 게 더 좋습니다. '우리 가족회의를 해 보자'라고 말만 하지 않았을 뿐, 앞서 설명했던 가족회의의 방식과 동일하게 하시면 된답니다.

그런 옷을 입고 나가겠다고?

토요일 오후, 15살 지유는 친구들과 함께 영화를 보러 간다고 했어요. 외출 준비를 마친 아이가 거실에 나왔는데 너무 놀라 말이 나오지 않더라고요. 굉장히 짧은 치마에 딱 들러붙는 크롭 티셔츠를 입은 지유가 아무렇지 않게 "엄마, 내 구두 못 봤어?"라고 말했죠.

"세상에, 지유 너 꼴이 그게 뭐야!" 엄마가 반대를 했습니다.

지유가 미간을 왕창 구기고 눈을 치켜떴어요.

"왜 안 되는데?" 지유가 도발적인 목소리로 물었습니다.

"너 지금 그게 괜찮다고 생각하는 거야?"라고 저도 한마디 거들며 야단을 쳤습니다.

"당장 다른 옷으로 갈아입어. 화장도 지우고!"

엄마의 최후통첩에 화가 난 지유는 이렇게 대꾸했습니다.

"그럼 나도 엄마처럼 촌스럽게 입고 다니라고? 절대 안 해. 그냥 벗고 다니고 말지."

나도 사실 이것저것 실험 중이에요

이미 언급했듯이 사춘기는 자아 정체성을 찾는 시기입니다. '나는 누구인가? 나에게 맞는 것은 무엇인가? 나는 다른 사람에게 어떤 영향을 주는가?' 아이들은 끊임없이 이 질문에 열중합니다. 여자아이들은 지금까지와 완전 다른 옷을 입고, 눈에 띄게 화장을 하고 또 머리 모양을 자주 바꿔 보곤 해요. 이때 대부분 자기들이 좋아하고 닮고 싶어 하는 아이돌 또는 학교에서 가장 예쁜 아이를 롤 모델로 삼습니다.

부모들은 자기 딸이 섹시함을 강조한 옷을 입은 걸 보면 또래보다 더 성숙하게 보이니 위험할 거라 걱정되어 야단치는 경향이 있습니다. 하지만 대부분 아이들은 그런 안전에 대한 생각보다 학급과 또래 아이들에게 인정받는 것을 더 중요하게 생각합니다. 이러한 속성은 남자아이나 여자아이나 거의 비슷합니다. 자신에게 잘 어울리는지, 적절한 옷인지에 대한 확신이 사실 아이에게도 없어요. 주변 아이들이 예쁘다고 멋지다고 하는 것에 우선적으로 더 관심이 간 것일 가능성이 큽니다. 여러분이 어렸을 때 즐겨 입던 옷차림이 지금의 옷차림으로 변하던 과정을 떠올려 보세요. 모두가 아마 비슷한 과정을 거쳤을 거예요.

아이와 함께 취향 찾기

아이의 옷차림과 치장이 걱정스럽다면 어떻게 해야 할까요? 물론 맘에 들지 않는 타당한 이유가 있다면 솔직히 말할 수 있습니다. 그러나 신중하고 조심스럽게 말을 해야 합니다. 노출이 과한 옷차림으로 바람직하지 못한 행동을 하려 한다고 지레짐작해서는 안 돼요. 이렇게 하면 대화는 애초에 시작조차 할 수 없어요. 이러한 의심을 부모의 걱정으로 받아들일 10대는 절대 없거든요. 대신 여러분이 느끼는 감정과 두려움을 솔직하게 말하세요. "옷은 예쁜데, 너무 노출이 심하다. 그렇게 보이는 게 엄마/아빠뿐일까? 다른 사람들이 널 어른으로 착각할까 봐 걱정이 되는걸."

이런 측면에서 우선 이 문제를 접근한다면 아이와 대화를 나눌 기회가 좀 더 많아질 수 있어요. 아이는 부모의 그런 점을 분명 이해합니다. 물론 '이해만' 하고 설득하려고 할 겁니다. 하지만 안전의 측면에서 여러분은 소중한 자식을 위해 매우 보수적으로 조심스럽게 대할 수밖에 없다는 점을 전해야 합니다. 아이가 반대하는 여러분을 구식이고 촌스럽다고 무시하며 공격할 수 있어요. 그냥 느긋하게 받아들이세요. 이렇게 함으로써 오히려 10대 아이에게 여러분의 확고한 입장을 전달할 수 있게 될 거예요.

그런 다음 아이가 어떤 스타일을 좋아하는지 조금 더 구체적으로 물어보세요. 아이와 여러분 모두가 좋아할 스타일은 분명 있을 테니까요. 함께 잡지를 보거나 인터넷 쇼핑몰 사진들을 보면서 대화하는 과정을 가져 보세요. 기분이 묘해지겠지만, 아이는 맨날 비슷한 옷만 입는 것 같던 자신의 부모에게도 패션 취향이 뚜렷이 존재한다는 그 당연한 사실에 재미를 느껴요. 그렇게 다양한 옷에 대해 이야기하다 보면 또래 친구나 미디어의 취향을 그대로 답습하지 않고 진짜 자기 자신만의 취향을 어디까지 발전시킬지를 인식하게 될 거예요. 정말로 자기가 원하는 것이 무엇인지, 어떤 옷을 입어야 몸이 편안한지를 아이가 스스로 알아낼 수 있도록 도와주세요.

환상은 금물입니다. 옷에 있어서 한 아이와 갈등 없이 지낼 수는 없습니다. 아이가 여러분을 당혹스럽게 만드는 것은 단지 스타일과 취향 문제만이 아닙니다. 옷 문제가 그저 쉽게 나타나는 것뿐이에요. 사춘기 아이와 여러분은 하다못해 바람에 굴러가는 낙엽 한 장만으로도 싸울 수 있어요. 그러니 최대한 여러분의 의도를 드러내지 않도록 한발 물러나는 대화 방식이 지혜로울 수 있습니다.

스마트폰! 스마트폰! 스마트폰!

얼마 전부터 재민이는 귀가 따갑도록 부모를 조르기 시작했습니다. 14살 생일선물로 휴대폰을 갖고 싶다고 말이에요. 되도록이면 스마트폰을 사달라고 합니다. 꼭 휴대폰을 사야만 하는 아주 그럴듯한 이유도 이미 내놓았습니다.

"이제 학원도 늦게까지 다닐 텐데, 휴대폰이 있으면 언제든지 저랑 연락할 수 있고, 또 어디 있는지 항상 알 수 있잖아요. 그리고 저도 무슨 일이 생길 때 빨리 도움을 청할 수 있잖아요!"

하지만 저희 부부는 쉽사리 허락하기 어렵더라고요.

"그게 한두 푼도 아니고, 네가 그걸 박살내지 않고 잘 간수할까 싶다. 또 매일 휴대폰만 붙잡고 있지 않겠다고 약속할 수 있어?"

매우 실망한 재민이가 고함을 질렀어요.

"이해 못 할 줄 알았지. 저만 빼고 제 친구들은 모두 스마트폰이 있다고요!"

대체불가한 동반자

사실 재민이의 이러한 주장은 결코 거짓말은 아니에요. 실제로 요즘 아이와 청소년들은 자기만의 스마트폰을 갖는 것을 당연하게 여겨요. 2015년 정보통신정책연구원의 조사에 따르면 초등 저학년생의 40.8%, 고학년생의 72.3%, 중·고등학생의 경우 90% 이상이 휴대폰을 갖고 있었습니다. 그로부터 4년이 지난 2019년, 한국인터넷진흥원은 10대 학생 가운데 97.2%가 스마트폰을 가지고 있다고 응답했다 밝혔죠. 대한민국 성인의 스마트폰 보유율이 95%에 달하면서 덩달아 아동 및 청소년의 스마트폰 보유율도 급격히 높아졌습니다. 이 수치는 높아졌으면 높아졌지 낮아지진 않을 것으로 추측해 봅니다.

10대 청소년들이 스마트폰으로 주로 이용하는 콘텐츠는 복수 응답으로 조사한 결과, 동영상 시청이 97.5%로 가장 높았고, 다음으로 메신저가 97.3%, 학업 및 업무용 검색이 93.9%, 게임이 93.1%였어요. 초등학생은 동영상 시청을 주로 이용하고, 중·고등학생은 메신저를 사용하는 비중이 높았습니다. 학교에서는 코딩을 배우고, 과제를 컴퓨터로 작성하고 수업도 온라인으로 듣는 요즘 아이들에게 스마트폰이란 대체불가능한 동반자인 셈이에요.

구매하기 전에 확실하게 정할 것!

하지만 그만큼 아이들의 스마트폰 이용 부작용도 뒤따르고 있어요. 2019년 통계청의 조사에 따르면 10대 청소년 10명 가운데 3명은 '스마트폰 과의존' 위험군이라고 합니다. 스마트폰 과의존이란 스마트폰을 이용한 행동이 다른 행동들에 비해 두드러지고, 사용 조절 능력이 감소해 문제적 결과를 경험하는 상태를 말해요. 또 취침 전 과도한 사용으로 수면 권장 시간인 9시간을 충분히 자지 못하거나 거북목 증후군, 안구 건조증 유발 및 노안 조기 발병 등 여러 육체적인 문제도 동반하고 있죠.

이 같은 결과까지 고려해서 아이의 소원인 스마트폰 구매를 거절할지 말지를 심사숙고해야 합니다. 휴대폰을 사 주지 않으면 아이는 친구들끼리의 연락이 원활하지 못할 가능성도 있지만 가격이 비싸기도 하고, 또 아이가 휴대폰에 바람직하지 않은 내용을 저장할 수 있습니다. 여러분이 아이에게 휴대폰을 사 주는 것에 대해 회의적인 것도 당연해요. 휴대폰이 아이와 논쟁의 대상이 되지 않으려면 무엇보다도 구매하기 전에 다음과 같은 사항을 신중히 고민하고 아이와 약속을 해야 합니다.

우선 아이가 원하는 휴대폰 모델이 무엇인지 들어 보세요. 대부분 현재 TV 광고를 하는 신형 모델인 경우가 많겠죠. 하지만 지나치게 비싼 모델은 구매 고려 대상에 넣지 않는 게 좋습니다. 그랬다가는 비싼 휴대폰을 잃어버리지 말고 깨트리지 않도록 조심하라고, 10대 사춘기 아이에게 폭탄이나 다름없는 잔소리를 끊임없이 하고 말 테니까요.

개인 정보 문제

인터넷 사용 규칙과 관련해서도 한 번 다룬 이야기지만, 휴대폰 사용에 있어서도 '개인 신상 정보'를 함부로 공개해서는 안 된다는 점을 확실하게 가르쳐 줘야 합니다. 휴대폰이 있다면 컴퓨터보다 훨씬 쉽게 자신의 사진을 찍고 누군가에게 전송할 수 있죠. 소액 결제도 매우 간단하고요. 인스턴트메신저에는 요새 연락처에 없는, 완벽한 타인과 대화를 쉽게 주고받을 수 있는 환경이 자체적으로 존재하기도 합니다.

아이가 아주 어린 나이였을 때 이미 당부했을, "모르는 사람이 이름을 물어봐도 알려 주면 안 돼! 학교나 학년도!" 같은 이런 기본적인 안전 교육을 온라인 세계에서도 마찬가지로 한 번 더 강조해야 해요. 스마트폰이 할 수 있는 영역이 크게 성장한 만큼, 아이들이 위험하고 곤란한 상황에 처할 수 있다는 사실을 여러분도 아이도 알고 있어야 합니다.

휴대폰 사용 요금에 대해서 아이와 분명한 약속을 해야 합니다. 당신이 허용할 수 있는 아이의 매월 휴대폰 사용 요금은 얼마인가요? 또는 아이가 사용하는 데이터 사용량은 얼마인가요? 여러분이 사용하는 일일 데이터양은 각종 통신사 사이트에서 확인할 수 있으니, 그걸 기준으로 아이가 하루에 사용해도 괜찮다고 생각하는 기준선을 만들어 보세요. 그리고 금액 또는 데이터 사용량에 맞는 휴대폰 요금제를 고르시면 됩니다. 아이들은 그 요금제에서 허용하는 만큼만 통화, 문자 및 데이터를 사용할 수 있을 테니까요. 게다가 한도액이 넘으면 더 이상 인터넷을 할 수 없으므로 부가적으로 아이가 스마트폰 사용량을 조절하는 법을 배우는데 도움이 됩니다.

또 유료 결제에 대한 약속도 해야 합니다. 아직 어린이 및 청소년이 유료 애플리케이션을 구입하는 비율은 4.3%이고 애플리케이션 내 아이템 및 확장 기능 구입율은 13%(2015년 기준)로 전체 사용자에 비해 적기는 하지만, 미리미리 추가적인 금액 결제에 대해서는 꼭 여러분의 허락을 받아야 한다는 교육을 해 놓아야 합니다.

휴대폰 게임에 관해서는 규칙을 정하고 아이와 약속을 해야 합니다. 이를테면 여러분의 아이가 TV나 컴퓨터 이용 시간과 별개로 휴대폰 게임을 해서는 안 됩니다. 즉, 휴대폰 게임 시간도 텔레비전과 컴퓨터 이용시간에 포함시켜야 한다는 것입니다. 그런데 만약 아이가 여러분이 안 보는 곳에서 몰래 계속 게임을 하면 어떡할까요? 이런 부분을 제어하는 데 있어 휴대폰 자체 설정을 활용하시는 것도 좋은 방법입니다. 휴대폰 제조사들 또한 부모들의 이런 걱정을 알고 있어서 일일 사용 시간이 어느 정도인지 확인할 수 있는 장치들이 마련되어 있어요. 마치 휴대폰에 자물쇠를 걸 듯, 일정 시간을 초과하면 애플리케이션이 자동으로 꺼지도록 설정할 수도 있답니다. 해당 내용은 제조사별로 상이하기 때문에 아이에게 휴대폰을 건네주기 전에 미리 살펴보시는 게 좋아요.

그리고 문제의 소지가 있는 그림이나 동영상 또는 게임을 휴대폰에 저장하거나 다운로드해서는 안 된다는 것도 반드시 아이와 대화를 나누어야 합니다. 아이의 믿음을 악용하거나 혹시라도 의심스런 내용이 있는지 없는지 확인하기 위해 아이의 핸드폰을 몰래 검사해서는 안 됩니다.

마지막으로 일상생활을 할 때 '핸드폰 없는 시간'을 정하세요. 이를테면 함께 식사하는 시간에는 휴대폰 화면을 봐서는 안 되는 거죠. 당연히 아이뿐만 아니라 여러분도 이 규칙을 지켜야 공정한 거겠죠?

용돈을 벌써 다 썼어?

수영이는 13살이 되면서 용돈을 올려 받기 시작했어요. 매주 4,000원을 받았었는데 이제부터는 매달 25,000원을 주기로 했습니다. 그런데 그걸로도 상당히 빠듯한 모양이에요. 첫째 주가 채 지나기도 전에 수영이가 친구들을 데리고 집으로 왔을 때 다음 달 용돈을 미리 달라고 했어요. "벌써? 왜? 이틀 전에 받았잖아. 혹시 잃어버렸어?"라며 아빠가 놀라 물었습니다.

"아뇨. 제가 애들에게 햄버거를 사 주기로 했거든요. 그런데 그럼 이번 달 한 푼도 안 남아요. 그리고 또, 뭐…"라고 수영이가 뚱하니 대답했어요.

용돈은 얼마가 적당할까?

수영이는 부모가 너무 짠돌이라고 비난할 수 없을 거예요. 환경에 따라 다르겠지만 13살짜리 아이에게 용돈 매달 25,000원은 분명 적당한 금액입니다. 2020년 교육콘텐츠 전문회사 '스쿨잼'이 온라인에서 청소년 268명을 대상으로 용돈 사용 실태를 조사해 봤어요. 그 결과 초등학생 저학년의 평균 용돈은 10,000원, 고학년은 13,890원, 중학생은 30,640원, 고등학생은 60,540원이었다고 합니다. 또한 '스스로 생각하는 적당한 용돈 금액은 얼마인가요?'

라는 물음에 고등학생은 평균 89,000원, 중학생은 44,620원, 초등학생은 24,210원이라고 답했습니다. 취학 연령기보다 어린 아이들은 월 단위보다는 주 단위로 주는 것이 좋아요.

물론 아이에게 무조건 용돈을 줘야 하는 것은 아닙니다. 하지만 청소년 관련 단체들은 아이에게 규칙적으로 일정한 금액을 주기를 권하고 있습니다. 그래야만 아이가 돈을 책임 있게 다루는 법을 배울 수 있기 때문이에요.

청소년은 돈을 다루는 법을 어떻게 배울까?

조사에 따르면 아이들은 주로 식사와 간식(30.2%)에 용돈을 사용한다고 해요. 놀라운 점은 용돈 지출의 가장 많은 부분은 식비와 비슷한 비율인 저축(30.6%)이었고, 그다음이 취미 생활비(18%), 학용품비(5.6%), 교통비(4.1%)였어요. 하지만 연령이 높아질수록 용돈 저축 비율은 줄어들었습니다. 아이에게 스스로 용돈 사용을 맡기고 나면 여러분은 꽤 낯선 경험들을 하게 될 거예요. 지금까지는 아이가 용돈을 매우 절약했고, 지출을 할 때마다 신중히 생각했었을 테지만 사춘기가 되면서 아이는 자신의 넘치는 욕구를 위해 부주의하게 용돈을 사용하기 시작하거든요. 그렇기 때문에 부모는 아이의 용돈 사용에 제한을 두기 위해 새로운 시도를 해야 하죠. 여러분 아이가 돈을 다루는 법을 새로 배울 수 있도록 도와

주세요. 이때 중요한 것은 아이가 사고자 하는 것은 자유롭게 사도록 둬야 한다는 것입니다. 소비 지출에 있어서 스스로 선택할 수 있게 해 주세요. 담배, 술처럼 청소년 유해 물품이거나 위험한 것이 아니라면 '이 물건을 왜 이 가격에 사지…?' 싶은 지출 내역이 있더라도 간섭해서는 안 돼요.

모든 소비 결정은 아이에게 맡겨 주시면 스스로 관리해야 아이는 소비를 조절해야 한다는 것을 몸소 배우게 됩니다. 이런 이유 때문에 다음 달 용돈을 미리 달라는 아이의 부탁을 거절해야 합니다. 앞에서 언급한 수영이의 경우처럼 설령 이번 달 내내 아이의 용돈이 100원도 남아 있지 않아도 말이에요. 반대로 당신은 용돈을 주기로 약속한 날에는 지체 없이 정확한 금액을 주어야 합니다. 아이의 통장을 만들어 주고 정확한 날짜에 자동이체가 되도록 하면 편합니다.

요즘에는 청소년 전용 체크카드 등 다양한 금융상품도 많고, 휴대폰에 입력하거나 수기로 입력하는 가계부 양식도 다양하니 아이와 함께 매일 저녁 또는 매주 주말에 각자 지출 내역을 정리하고 공유하며 돈 관리에 대한 이야기를 나누는 것은 바른 금융관을 잡아주는 데 큰 도움이 됩니다.

아이들의 아르바이트

우리나라의 경우, 만 15세 이상이 되면 법적으로 아르바이트를 할 수가 있어요. 야간업무, 주류 등 성인 관련 업소를 제외한 모든 매장에서 아르바이트를 할 수 있습니다. 단 부모의 동의를 받아야 가능합니다. 만 13세 미만은 어떠한 여부를 불문하고 아르바이트로 돈을 버는 것이 불가능합니다. 그리고 만 13세와 14세는 원칙적으로 불가능하지만, 노동부 장관의 '취직 인허증'을 소지하고 있을 경우에는 예외로 가능하며 이때도 부모의 동의서를 함께 제출해야 합니다. 청소년 아르바이트생에게도 최저 시급이 성인과 동일하게 적용돼요. 또한 미성년자는 하루 7시간, 주 35시간 이상 일할 수 없습니다.

앞서 얘기했듯이 가족 모두가 각자 맡아서 해야 하는 집안일에 대해서 용돈을 줘서는 안 됩니다. 다만 단발적인 집안일, 이를테면 마당에 있는 나뭇가지를 자르거나 벽을 타고 올라오는 덩굴을 치우는 일, 고장 난 문고리를 고치는 일을 했을 때는 이것을 아르바이트로 여기고 약간의 보수를 주는 것은 괜찮습니다.

아르바이트가 가능한 연령대라도 아이가 한꺼번에 여러 개를 하지 않게끔 주의하세요. 아르바이트를 핑계로 학교, 여가활동을 등한시해서는 안 되니까요. 되도록 근무일이 주 3일을 넘지 않는 것이 좋습니다.

지금까지 어디 있었던 거야!

15살 현지는 학원 친구들과 중간고사 뒤풀이에 가기로 했어요. 아이들끼리 학원 근처 식당에서 밥을 먹고 노래방을 갈 거라고 하더라고요. 저희는 현지에게 밤 9시 30분까지 집으로 돌아올 것을 약속받았어요. 밤길이 어두우니 방향이 같은 친구들과 함께 오기로 했죠. 현지도 알겠다고 했어요. 그런데 약속한 시간이 되어서도 현지에게서 아무런 소식도 없었습니다. 걱정이 되어 휴대폰으로 전화를 걸었지만 "지금은 전화를 받을 수 없어…"라는 목소리만 들려왔어요. 5분 간격으로 전화를 걸어 봤지만 받지 않고요. 불안해진 저는 참다못해 학원으로 향했습니다. 그런데 마침 딸이 혼자 걸어오고 있었어요.

"어디 있다 지금 오는 거야?" 현지에게 소리를 빽 질렀죠.

"9시 30분까지 오기로 했잖아. 근데 지금이 몇 시야? 게다가 왜 너 혼자 와! 널 믿은 내가 잘못이지. 다음부터는 뒤풀이고 뭐고 집에 있어!"

허락받은 외출시간

아동·청소년보호법에 따라 미성년자는 노래방이나 PC방 같은 업소에서 오후 10시부터 출입이 제한됩니다. 그 이후부터는 친권자가 함께 있어야만 입장이 가능합니다. 다만 단란주점이나 유흥업소 같은 경우는 친권자가 동반한 상황이어도 출입이 불가능하죠.

하지만 현지의 엄마가 딸을 찾아 나선 이유는 단순히 이런 법적 규정 때문만은 아닙니다. 오히려 딸에게 무슨 일이 생기지 않았을까 하는 걱정이 그녀를 움직이게 했을 거예요. 여기서 아쉬운 점은 현지의 엄마는 걱정에서 나온 행동과 말을 분노로 표현했다는 점입니다. "널 믿은 내가 잘못이지. 다음부터는 뒤풀이고 뭐고 집에 있어!" 엄마의 이 말은 일방적인 처벌이나 다름없기 때문에 아이가 기 싸움을 벌일 수 있는 명백한 구실을 제공하는 셈입니다.

기 싸움 대신 공정함

여러분이 현지의 엄마였다면 어떻게 했을까요? 딸과의 기 싸움을 막을 수 있을까요? 이런 상황에서는 그리 간단하지가 않습니다. 두려움과 조마조마했던 긴장으로 억눌린 감정을 밖으로 표출하려는 욕구는 쉽게 제어되지 않으니까요. 하지만 그러한 순간에도 무례한 발언이나 비난이 튀어나오는 것을 막기 위해서 더욱더 자신의 목소리 톤과 단어 선택을 주의해야 합니다.

특히 이런 격한 상황에서 나-전달법이 많은 도움이 됩니다. 현지의 엄마도 형식적으로는 나-전달법을 사용하긴 했습니다. 그러나 자신의 감정 상태에 대해 솔직하게 표현하지 않고 아이를 야단치고 위협했기 때문에 진정한 나-전달법으로 볼 수 없어요. 그때 현지의 엄마가 "전화를 여러 번 했는데도 받질 않았잖아. 엄마 진짜 걱정 많이 했어"라고 솔직한 감정을 표현을 했더라면 어떠했을까요? 그리고 우선은 거기까지만 하고 흥분상태가 가라앉을 때까지 기다리는 것이 현명합니다. 그다음 아이와 다시 대화를 해야 하죠. 그리고 이때는 여러분이 아이에게 기대한 것이 무엇이었고, 또 왜 여러분이 그렇게 행동했는지에 대해서 비교적 상세히 설명해 주세요.

이 모든 걸 아이에게 상처 주지 않고 명확하게 말하려면 2부 4장에서 언급한 '매일 온 집안이 전쟁터' 편 속 3단계-전달법을 이용하면 좋아요.

"①네가 정각에 집으로 오지 않고 핸드폰으로 연락도 안 되면, ③너한테 무슨 일이 생겼을까 봐 ②굉장히 두렵고 걱정스러워."

이렇게 말하면 여러분이 느낀 감정을 왜곡 없이 표현할 수 있고 또 그런 감정을 느낀 이유를 설명할 수도 있습니다. 그럼 아이도 엄마가 마냥 화가 난 게 아니라, 어떤 과정을 통해 이런 반응을 하게 되었는지 잘 알 수 있어요.

하소연 대신 원하는 것을 말하라

사춘기는 부모에게 매우 힘든 시기입니다. 사춘기 아이 때문에 부모의 인내와 참을성은 매번 한계에 이르곤 해요. 그러다 보면 불평과 하소연으로 자신의 마음을 달래고 싶은 욕구가 생길 수 있습니다. 파트너, 친구나 이웃에게 이 답답한 마음을 털어놓으세요. 하지만 아이에게 해서는 안 됩니다. 그랬다간 아이의 엄청난 저항에 부딪힐 겁니다. 사춘기에는 분명 여러분이 원하는 방향대로 변화가 이루어지지는 않을 테지만, 아이에게서 여러분이 바라는 행동을 이끌어 내려면 조용하고 이성적인 목소리로 나―전달법을 사용하면서 원하는 것을 아이에게 표현하세요.

청소년들은 부모의 한탄을 끔찍이 싫어합니다. 그러나 반대로 정작 아이들은 끊임없이 불평하고 한탄하죠. "제가 할 수 있는 것은 정말 아무것도 없어요!", "엄마 아빠는 저를 조금도 이해 못 하잖아요!" 아이들의 이러한 불평과 비난, 하소연에 당황하지 말고 아이가 원하는 것이 무엇인지 질문하세요. "그래, 내가 무엇을 이해해 주면 되겠니?" 사춘기에 접어든 아이가 이에 대해 어떤 대답을 할지는 모르겠지만 분명한 것은 아이는 불평과 한탄을 멈출 거예요.

너, 설마 담배 피우니?

태일이는 15살에 친구들끼리 연말파티를 하기로 했습니다. 저희도 부부 동반 모임이 있었기 때문에 저희 집에서 파티를 하게 되었죠. 태일이는 하루 종일 파티 준비를 했습니다. 저희는 태일이에게 신신당부를 했어요. 파티를 하되 밤 10시에는 다 집으로 돌아가야 하고, 가스레인지 같은 위험한 것에 손대지 말고, 이웃집에서 찾아오는 일이 없도록 소음에 신경 쓰라고 말이에요.

꽤 늦은 시간에 저희가 겨우 집으로 돌아왔을 때 이미 아이들은 각자 집으로 돌아간 것 같았어요. 그리고 태일이는 뒷정리를 대강 끝내고 잠이 든 것 같았죠. 그런데 베란다 창문 너머가 묘하게 뿌옇더라고요. 아빠가 무슨 일인가 알아보려고 베란다 문을 열었더니 미처 다 빠져나가지 못한 담배 냄새가 확 올라왔습니다. 창틀에 담뱃재도 약간 남아 있었죠. 게다가 배수구에서 올라오는 술 냄새까지…. 태일이나 친구들 중에 당연히 술, 담배를 살 수 있는 아이는 없어요. 나이 많은 누군가의 도움으로 구했을 텐데, 설마 태일이도 그 일에 가담한 걸까요?

아이들의 술·담배 일탈

물론 태일이네 부부는 굳이 파티가 아니더라도 미성년자인 아들에게 술과 담배는 용납할 수 없다고 분명히 가르쳐 왔습니다. 그런데 누가 봐도 담배를 피웠을 상황을 봤으니 실망감과 괘씸함이 절로 들었을 거예요. 그런데 태일이가 처음부터 친구들이 자기 집에서 담배 피우는 것을 수용한 건 아닐 수도 있어요. 나이가 많은 아이들도 일행의 일탈을 제어하기 어려워합니다. 파티의 주최자로서 나쁜 평판을 듣고 싶지 않기 때문에 감히 나서서 거슬리는 행위를 하는 초대 손님들을 저지하지 못하는 경우인 거죠. 따라서 태일의 부모는 사실 아이들만 두고 가지 않는 것이 좋았을 거예요. 자기들끼리만 있길 바라는 아이의 마음은 이해할 수 있지만 태일이는 파티 손님들을 통제할 수 있다고 자신의 능력을 분명히 과대평가했습니다.

여러분은 알코올, 니코틴과 다른 마약으로부터 아이를 보호할 의무가 있습니다. 또한 여러분의 집에서 준비된 파티에 참석한 아이들의 부모들을 대신할 책임도 있어요. 그러니 아이에게 이 점을 오해의 소지가 없도록 분명히 전해야 하고, 우리 집에서 파티가 열릴 때 이 문제에 대해서는 반론의 여지없이 여러분이 관리감독할 거라고 하세요. 다른 집에서 파티가 있을 때는 파티를 주관하는 아이의 부모와도 해당 내용을 확실히 공유해야 문제가 생기지 않아요.

중독으로 이르는 길

대개 아이들은 한번 해 보고 싶은 마음에서 시험 삼아 담배와 술 그리고 다른 약물을 접하게 돼요. 친구들이 "한번 해 볼래?" 하며 주는 것을 받으면서 금지된 유혹을 극복하지 못하는 것이죠. 그리고 그 권유는 한 번으로 끝나지 않습니다. 어떤 경우, 아이가 마지못해 받아들일 때까지 끈질기게 구는 친구들도 있어요.

그렇게 선을 넘어 버리면 특별한 계기가 있을 때 한두 번 접하던 것이 점점 규칙적인 간격으로, 친구들과 만날 때마다 또는 혼자 있을 때도 술이나 담배 등을 소비하게 됩니다. 그러다 보면 시간이 흐를수록 그 빈도수와 양이 계속 늘어나게 되죠. 여기에서 조금 더 나간다면 하루 종일 술이나 담배 그리고 약물에 매달리며 몰두하는 중독 상태가 되고 마는 것입니다. 이런 '중독 과정'에서 그것을 시작하는 나이가 가장 결정적인 역할을 합니다. 예를 들어 아주 어린 나이에 담배를 피우면 담배를 끊기가 더욱 어렵습니다. 대다수의 성인 흡연자가 청소년 시기에 처음 담배를 피우기 시작했다고 해요. 반대로 대략 20세까지 담배를 피우지 않았다면 담배에 대한 유혹에 쉽게 넘어가지 않는다고 합니다.

아이가 담배를 피우면

아이가 초등학교에서 중학교로, 중학교에서 고등학교로 넘어가면 '흡연'이라는 주제를 자주 접하게 됩니다. 아이들은 새로운 친구들만 만나는 게 아니라, 이미 익숙하게 담배를 피우는 고학년들도 만나게 돼요. 지금까지는 담배 피우는 것을 무조건 거부했더라도 사귀는 친구들 무리가 당연한 것으로 여기면 담배에 대한 유혹이 커집니다. 사춘기 전이나 이미 사춘기에 접어든 아이들에게 친구는 매우 중요해요. 그래서 아이들은 오직 친구들과 함께하고 그무리에 속하기 위해 자기 자신의 의지와 반대되는 일을 하기도 한답니다.

아이가 담배를 피우기 시작했거나 또는 이미 규칙적으로 담배를 소비하고 있어서 너무 걱정스럽다면 어떻게 해야 할까요? 담배가 무슨 맛인지 단순 호기심으로 담배를 피우는 것은 아마도 막을 수는 없을 거예요. 그러나 자칫 중독으로 이어질 수 있기 때문에 적어도 담배를 습관적으로 피우지 않도록 예방시킬 수는 있습니다.

우선 담배를 피웠을 때 생기는 결과에 대해서 이야기를 나누세요. 담배는 육체적·정신적 건강에 해로울 뿐 아니라 타인에게 지독한 냄새를 풍기며, 한번 중독되었을 때 끊기가 매우 어렵다는 것을 분명히 알려야 합니다.

그런데 만일 여러분이 흡연자라면 설득력이 떨어질 수 있어요.

즉 흡연자가 아이를 설득하려면 더욱 많은 노력을 해야 하죠. 여러분도 이때를 기회삼아 담배를 끊을 수도 있고요. 만약 여러분이 담배를 끊을 준비가 아직 안 되었거나 또는 그럴 상황이 아니면 적어도 가족들을 생각해서 집 근처에서 흡연하는 것을 삼가야 합니다. 아예 아이들에게 담배에 대한 노출을 줄여야 하니까요.

아이와 이야기를 나눌 때 여러분의 담배 중독에 대해 의도적으로 대수롭지 않은 척하지 말아야 합니다. 아이의 질문에 성실하게 대답을 해 주세요. 예나네 이야기처럼 솔직한 대답이 절박한 경고보다 더 효과적일 수 있어요.

"예나가 16살 때였어요. 어느 순간부터 예나의 옷에서 담배 냄새가 났어요. 바지 주머니에서 라이터를 발견했을 때 아이가 담배를 피운다는 것을 확신했죠. 걱정이 되었지만 어떻게 말을 꺼내야 할지 몰랐어요. 저도 10대 때 담배를 피웠으니까 야단을 치거나 금지시키면 아무것도 이룰 수 없다는 것을 제 경험으로 알아요.

'엄마는 담배 피워 본 적 있어?' 어느 날 예나가 TV에서 나오는 흡연 장면을 보다가 저에게 물었어요.

'응, 꽤 오랫동안 피웠어. 건강도 건강이지만 돈이 아까워서라도 금연하려고 했는데 얼마 가지 못했어. 2년 걸려서 겨우 금연에 성공했지. 진짜진짜 힘들었어.' 이렇게 아이에게 사실대로 말했어요.

예나가 주의 깊게 듣는 게 느껴졌지만 아무 말도 하지 않았습니다. 그런데 몇 주 후 아이가 슬쩍 말을 하더라고요.

'있잖아, 엄마. 나 사실 담배 피웠었어. 그런데 지금은 끊었어! 나중에 엄마처럼 고생하긴 싫으니까⋯⋯.' 예나는 몇 년 후 다시 한 번 흡연을 하긴 했어요. 그런데 알아서 담배가 하루 컨디션에 좋지 않다는 것을 금세 깨닫고는 담배를 완전히 끊었지요."

아이가 술을 마시면

아이가 술을 마시는 이유는 근본적으로 담배와 비슷합니다. 대부분 호기심에서 술을 마셔요. 때론 어른 행세를 하려고 또는 그룹에 속하려고 술을 마시기도 합니다. 부모나 친구들이 있는 그대로의 자신을 인정하지 않는다고 느끼기 쉬운 청소년 시기, 특히 자존감과 소속감이 부족한 아이들의 경우 알코올 섭취는 문제가 됩니다. 또래 아이들 사이에서 겉돌지 않으려고 술에 손을 대다가 그대로 의존해 버리는 경우가 많습니다.

따라서 부모인 우리는 아이가 어렸을 때부터 아이를 사랑하고, 아이를 있는 그대로 받아들인다는 사실을 느낄 수 있도록 해야 합니다. 또한 솔직해야 하죠. 만일 부모가 아이에게 무언가를 거절할 권리를 허락하고 강화시켜 주면, 아이도 또래 아이들이 거슬릴 때는 그들에게 "No"라는 말을 보다 쉽게 할 수 있어요.

자존감이 부족하지 않은 아이라고 할지라도 파티나 친구들과의 모임에서 술을 마시고 집으로 오는 일이 종종 생길 수 있습니다. 여러분은 처음에는 놀라고 실망할지도 몰라요. 하지만 여러분의 감정상태를 그대로 드러내며 아이를 야단치지 말아야 합니다. 야단을 친다고 상황이 좋아지지 않으니까요. 적어도 다음 날까지 기다리는 것이 더 좋습니다. 다음 날이면 취기는 가라앉고 여러분도 진정되었을 테고, 아이와 이성적으로 대화를 나눌 수 있겠죠?

이때 여러분은 아이를 통제하려는 게 아니고 걱정되기 때문이라는 것을 밝혀야 합니다. 아이도 스스로 자신의 건강 상태에 대한 책임감을 가져야 한다 것을 깨닫게 하세요. 다른 사람이 술을 권할 때 아이가 "No"라고 말할 수 없었던 이유가 무엇인지도 파악해야 합니다. "다른 사람들이 모두 술을 마시니까, 그래서 너도 마셨니?"라고 아이에게 물으면, 그제야 아이는 처음에는 자신도 술에 별 관심이 없었다는 사실을 깨달을지도 모릅니다. 의외로 아이들은 그 행동이 상황에 휩쓸려서 나온 것인지 정말 자신이 원해서 한 행동인지 아닌지 명확하게 파악하지 못하는 경우가 많습니다. 친구들 때문에 어쩔 수 없이 한 것이 옳지는 않지만 잘못된 행동을 고칠 수 있으니 부끄러워할 필요가 없다는 것도 말해 주세요.

술과 약물에 대한 의견도 아이에게서 들어 보세요. "술과 마약에 대해서 어떻게 생각하니?"라고 대놓고 물어보는 거죠. 여론 조사에 따르면 이 주제를 가볍게 여기는 청소년들은 드물어요. 다 이해하거나 진심으로 받아들이지는 않았어도 여기저기서 하면 안 되는 것이라고 교육하기 때문이죠. 아이의 입을 통해 나온 가치관과 의견을 존중하면서 대화하면 부모의 생각을 일방적으로 들려주는 것보다 훨씬 더 좋은 효과가 있어요.

아이를 존중하고 이해한다는 것은 아이의 잘못을 그대로 수용한다는 것과는 달라요. 부모는 아이의 잘못을 바로잡을 의무가 있습니다. 그러나 아이가 저지른 잘못이나 실수가 아닌 아이 자체를 비판해서는 안 됩니다. 따라서 이렇게 표현해 보세요. "나는 너를 정말 아껴. 그런데 네가 한 일은 옳지 않아."

특히 여러분 아이가 사춘기에 접어들었다면 이와 같이 아이가 '당신에게 사랑 받는다'는 확신을 주어야 할 필요가 있습니다. 그럼 아이는 안정을 느끼고 자신에게는 언제나 든든한 버팀목이 있음을 알게 되죠. 또한 부모가 아이의 편에 서 있다는 확신이 있으면 아이는 자기 행동에서 잘못을 배우고 다음에는 더욱 잘하려는 용기를 가질 수 있어요.

그럼에도 불구하고 여러분 아이가 스스로 술을 끊지 못할 것 같아 여전히 두렵다면 약물중독 상담소와 같은 곳에 문의를 해야 합니다. 그곳에서 아이를 도울 수 있는 여러 정보들도 얻을 수 있을 거예요.

빈 의자에 대고 말하기

사춘기의 아이 때문에 신경이 예민하고 거의 자포자기 상태라면 어떻게 해야 할까요? 개인심리학의 트레이너이자 세 아이를 둔 엄마, 크리스티네 베름터Christine Wermter[16]는 이런 상황에서는 다음과 같은 '빈 의자를 놓고 연습하기'를 권합니다.

우선 아무에게도 방해받지 않고 있을 수 있는 공간으로 가세요. 의자 2개를 마주보게 놓고 한 의자에 앉으세요. 그런 다음 다른 의자에는 아이가 앉아 있다고 상상해 봅시다. 이제 아이에게 이렇게 시작하는 문장들을 소리 내 말해 보세요.

"나는 네가 …… 한 것을 높이 평가 해."

"…… 때문에 나는 너를 사랑해."

"너는 나에게 …… 때문에 매우 특별해."

"…… 때문에 네가 그렇게 한 것이 나는 기뻐."

이런 연습을 반복하면 여러분이 아이를 긍정적으로 인식하는 데 도움이 되고 방해와 부담은 뒤로 사라질 거예요. 그러고 나면 여러분이 사랑하고 또 여러분을 행복하게 만들어 주는 아이가 다시 보일 겁니다.

감사의 글

저는 항상 부모와 아이의 갈등, 집안에서의 의사소통에 관한 책과 기사를 여러 번 썼지만 다시 한번 이 주제를 좀 더 상세히 다루고 싶었습니다.

이 자리를 빌려 이 책이 완성될 수 있도록 도와주고 새로운 깨달음을 준 모두에게 진심으로 감사드립니다. 초고를 읽어 주고, 엄마와 경험이 많은 작가로서 값진 피드백을 준 실비아 엥러트, 분쟁 조정자 크리스타 D. 쉐퍼 박사와 크리스티나 헨리, 사회교육학자이자 가정상담가인 레오니 파른바허와 소피 크릭코스, 개인심리학 상담가인 레나테 프로인트와 전문가 조언으로 책의 내용을 풍성하게 해 준 크리스티네 베름터에게 감사드립니다. 또한 갈등에 대해 겪었던 경험과 해결 방안에 대한 수많은 이야기를 들려준 모든 부모에게도 감사드립니다. 아울러 여러 가지 힌트를 준 남편, 아들에게도 감사를 드립니다. 끝으로 많은 도움을 준 파트모스 출판사의 크리스티아네 노이엔 박사에게 특히 감사를 전합니다.

━ 각주 ━

1) Dinkmeyer sr., Don / McKay, Gary D. / Dinkmeyer jr., Don (2004): STEP –Das Elternbuch. Kinder ab 6 Jahre. Beltz, Weinheim; dies. (2008): STEP – DasElternbuch. Leben mit Teenagern. 3. Aufl. Beltz, Weinheim.

2) Schoenaker, Theo / Schoenaker, Julitta / Platt, John M. (2000): Die Kunst, alsFamilie zu leben. Ein Erziehungsratgeber nach Rudolf Dreikurs. Herder, Freiburgim Breisgau

3) www. mediation-berlin-blog.de

4) Schulz von Thun, Friedemann (2011): Miteinander reden. Teil 1: Störungenund Klärungen. Allgemeine Psychologie der Kommunikation. 49. Aufl. Rowohlt,Reinbek bei Hamburg

5) Dreikurs, Rudolf (2011): Kinder fordern uns heraus. Wie erziehen wir sie zeitgemäß? 18. Aufl. Klett-Cotta, Stuttgart.

6) Goleman, Daniel (2007): Emotionale Intelligenz. 19. Aufl. Deutscher Taschenbuch Verlag, München.

7) Phelan, Thomas W. (2005): Die 1-2-3-Methode für Eltern. Konsequent fördern und zum Lernen motivieren. Verlag an der Ruhr, Mülheim an der Ruhr.8 Hösl, Gerhard G. (2002): Mediation – die erfolgreiche Konfliktlösung. KöselVerlag, München.

8) Rosenberg, Marshall B. (2012): Gewaltfreie Kommunikation: Eine Sprachedes Lebens. Junfermann, Paderborn

9) Dreikurs, Rudolf / Gould, Shirley / Corsini, Raymond J. (2003): Familienrat. Der Weg zu einem glücklicheren Zusammenleben von Eltern und Kindern.1. Aufl. in der Reihe »Kinder fordern uns heraus«, Klett-Cotta, Stuttgart.

10) www.meinefamilie-muenchen.de

11) www.renatefreund.de

12) www.mediatorin-henry.de

13) Cierpka, Manfred (2008): Faustlos – wie Kinder Konflikte gewaltfrei lösenlernen. 5. Aufl. Herder, Freiburg im Breisgau.

14) Pieschl, Stephanie / Porsch, Torsten (2012): Schluss mit Cybermobbing! DasTrainings- und Präventionsprogramm »Surf-Fair«. Mit Film und Materialien aufDVD. Beltz, Weinheim.

15) http://www.netzwelt.de/news/88907-studie-brutale-computerspiele-ziehengewaltbereite-kinder.html.

16) Wermter, Christine (2011): Die 1-2-3-Formel. Erziehen mit Disziplin undLiebe. Gräfe und Unzer, München.

한 마디만 더 한 마디만 덜

초판 1쇄 발행 2021년 3월 5일
초판 3쇄 발행 2023년 11월 20일

지은이 리타 슈타이닝거
옮긴이 김현희

펴낸이 김영철
펴낸곳 국민출판사
등록 제6-0515호
주소 서울특별시 마포구 동교로12길 41-13(서교동)
전화 02)322-2434
팩스 02)322-2083
블로그 blog.naver.com/kmpub6845
이메일 kukminpub@hanmail.net

편집 이원석, 박주신, 변규미
디자인 블루
경영지원 한정숙

ⓒ 리타 슈타이닝거, 2021
ISBN 978-89-8165-641-6 13590